电气工程与电力工程技术

于自国 韦金国 游玲玲 著

辽宁科学技术出版社

·沈阳·

图书在版编目（CIP）数据

电气工程与电力工程技术 / 于自国，韦金国，游玲玲著.—沈阳：辽宁科学技术出版社，2023.7（2024.6重印）
ISBN 978-7-5591-3029-7

Ⅰ.①电… Ⅱ.①于… ②韦… ③游… Ⅲ.①电气工程 ②电力工程 Ⅳ.①IM

中国国家版本馆 CIP 数据核字（2023）第090134号

出版发行：辽宁科学技术出版社
　　　　（地址：沈阳市和平区十一纬路 25 号　邮编：110003）
印 刷 者：沈阳丰泽彩色包装印刷有限公司
经 销 者：各地新华书店
幅面尺寸：170mm×240mm
印　　张：7.5
字　　数：160千字
出版时间：2023 年 7 月第 1 版
印刷时间：2024 年 6 月第 2 次印刷
责任编辑：孙　东　李　红
封面设计：姜乐瑶
责任校对：王丽颖

书　　号：ISBN 978-7-5591-3029-7
定　　价：48.00元

前 言
PREFACE

随着经济的快速发展，我国的电气自动化产业发展迅猛，很多行业已经开始将自动化控制视为生产中的重要设备技术，成为扩大生产力的有力保障。一般来说，电气自动化控制系统在操作和运用时，需要将准确的数值进行记录，将量变和系统的自动化控制相结合。

随着电气自动化技术的不断发展，电气自动化技术在电力系统的多个环节中都发挥着显著的作用，而且将电气自动化技术融入传统的电力系统可以根据运行情况建立相应的管理模式，这样能够及时获取发电厂和变电站的运行信息，技术人员可以通过数据观测电力运行情况，减少其他问题的产生。这样使得电力系统具有较强的可控性，更加稳定与安全。

电力系统是一个由大量元件组成的复杂系统。它的规划、设计、建设、运行和管理是一项庞大的系统工程。随着国民经济快速稳定增长，电力系统面临前所未有的发展机遇。大机组电厂和超高压乃至特高压电网的不断建设，使电力系统间的联系越来越紧密，容量也越来越大。为保障电力系统的正常运行，维护工作尤为重要，同时也是日常的工作难点。电力系统自身比较复杂，而且涉及多个方面。但是电气自动化技术的融入，能够加快电力系统分析的速度，从而在短时间内找出电力系统中存在的问题，极大地提高电力系统维护工作的便利性。另外，还可以利用网络信息技术对电力系统形成全程监控，以此确保电力系统的安全性。电气自动化技术应用在当前电力系统中能够有效提高其整体水平，而在电力系统运行以及维护的过程中，大多数情况下都是依赖信息技术展开。因此，电气自动化技术的融入可以使得电力系统的功能以及性能得到有效提升，同时便于做好电力系统的各方面管理，给相应的工作人员带来极大的便利，同时也提高了电力系统的使用效率，以此确保我国电力行业的整体发展。电气自动化与电力工程技术是相辅相成、紧密相关的，应当使两者紧密结合。

本书首先介绍了电气自动化技术、自动控制系统、电力系统的基本知识，然后讲述了高压直流输电技术的相关内容，以适应电气工程与电力工程技术的发展现状和趋势。

本书突出了基本概念与基本原理，在写作时尝试多方面知识的融会贯通，注重知识层次递进，同时注重理论与实践的结合，希望可以为广大读者提供借鉴或帮助。

由于作者水平有限，加上成书时间仓促，书中疏漏和不足之处在所难免，敬请广大读者批评指正，在此致以诚挚的谢意。

目 录
CONTENTS

第一章　电气自动化技术的衍生技术及其应用

第一节　电气自动化控制技术的应用

电气自动化控制技术作为一种现代化技术，在电力、家居、交通、农业等多个领域中都发挥着不可替代的作用，充分优化了人们的居住场所，为人们的生产和生活提供了极大的便利，使之更加丰富多彩。基于此，本节将从电气自动化控制技术的发展历程和发展特点出发，介绍我国电气自动化控制技术的应用现状，最终探讨电气自动化控制技术未来的发展方向。

一、电气自动化控制技术的发展历程

电气工程是一门综合性学科，计算机技术、电子技术、电工技术等都是与电气工程相关的技术。随着计算机技术的飞速发展，电气自动化控制技术得到了高度优化。现阶段，大型铁路、工业区、客运车站、大型商场等场所普遍应用电气自动化控制技术。这一技术不仅可以确保企业经营、生产活动的顺利进行，提升电气设备检测的精确度，有效强化信息传送的有效性、实时性，充分减轻人工劳动的工作强度，还可以保障电气设备的顺利运作，降低其发生安全事故的概率。下面分析电气自动化控制技术的发展历程。

实际上，与日本、美国，以及欧洲的一些发达国家和地区相比，我国研究电气自动化控制技术的时间相对较短。我国在研究电气自动化控制技术初期，主

要将其应用于工业领域，后来随着这一技术水平的不断提高，其应用范畴逐步被拓展到手工业、农业领域。电气自动化控制技术的不断发展使我国综合实力得以全面提升，我国不同行业的生产成本得以有效调节，人们的生活水平得以有效提升，人们的经济收益与其生产、生活得到了合理的协调。与此同时，迅速发展的电气自动化控制技术还提升了电气自动化控制系统的稳定性，促进了该系统朝着自动化和智能化方向发展，加强了电气自动化技术与计算机技术、电子技术、智能仿真技术之间的紧密联系，并将以上技术的优势进行了高度整合，有效地优化了电气自动化控制技术和电气自动化控制系统。在实际生活中，工厂使用机械手搬运货物、码堆货物、运输货物等都是人们常见的应用电气自动化控制技术的例子。

纵观电气自动化控制技术的发展历程可以发现，正是由于电气自动化技术与信息技术、电子技术、计算机技术的有效融合才形成了电气自动化控制技术。通过几十年的快速发展，电气自动化控制技术已经趋向成熟，成为工业生产过程中最为主要的工业技术。电气技术的应用与发展不仅推动了第二次工业革命，也促使人们的生产和生活方式产生了重大变化。随着接触器、继电器的出现，相关的专家、学者提出了"自动化"这一专业名词，民众逐渐掌握了电气自动化控制技术知识和电气设备的运行方法。计算机技术与现代信息技术的相继出现，进一步提升了电气自动化控制系统将信息处理与自动化控制相结合的能力。这样一来，人们可以利用电气自动化控制系统自动控制电气设备，优化生产的控制和管理过程，电气自动化控制技术步入飞速发展阶段。这一时期，机械自动控制是电气自动化控制技术的主要表现形式，由此推动了一大批电力、电机产品的产生，虽然当时人们尚未意识到电气自动化控制的本质，但这是工业生产中首次出现自动化设备。之后，电气自动化控制技术的发展为电气自动化控制系统的研究提供了基本的发展路径和思路。后来出现了运用计算机技术对部分电气设备进行有效控制的技术，这也丰富了电气自动化控制技术。虽然计算机技术的发展对构成电气自动化控制系统的基础结构与组成部分起到了促进作用，但将计算机技术应用于复杂的管理体系时容易产生障碍，如将计算机技术应用于繁杂的电网体系则极易产生系统故障。

电气自动化控制技术真正步入成熟阶段是在20世纪后，此时逐渐成熟的人工智能技术、网络技术和计算机技术对电气自动化控制技术产生了促进作用。这一时期，电气自动化控制技术中的重要技术是集成控制技术、远程遥感技术、远距离监控技术。根据可持续发展的理念，电气自动化控制技术逐渐朝着自动化、网络智能化和功能化的道路迈进。

随着微电子技术、网络技术等新型技术的快速发展，电气自动化控制技术的应用范畴越来越广。此时，电气自动化控制系统不仅充分融合了人工智能技术、电气工程技术、通信技术和计算机技术，还在各个领域不断推行自动控制的理论，使电气自动化控制技术得到了充分的发展，也越来越成熟。进入21世纪以后，电气自动化控制技术广泛应用于服务业、工业、农业、国防、医药等领域，成为现代国民经济的支柱技术。

电气自动化控制技术随着信息时代的迅速发展得到了更为广泛的应用。实际上，电气自动化控制系统的信息化特征是在信息技术与电气自动化控制技术逐渐融合的过程中得以体现的，而后通过将信息技术融入系统的管理层面，以此提升电气自动化控制系统处理信息和业务的效率。为了提升处理信息的准确率，电气自动化控制系统加大了监控力度，不仅促进了网络技术的推行，还保障了电气自动化控制系统和各个设施的安全性。

二、电气自动化控制技术的发展特点

电气自动化控制技术是工业步入现代化的重要标志，是现代先进科学的核心技术。电气自动化控制技术可以大大降低人工劳动的强度，提高测量、测试的准确性，增强信息传递的实时性，为生产过程提供技术支持，有效避免安全事故的发生，保证设备的安全运行。经过几十年的发展，电气自动化控制技术在我国取得了长足的进步。目前，我国已形成中低档的电气自动化产品以国内企业为主，高中档的电气自动化产品以国外企业为主；大中型项目依靠国外电气自动化产品，中小型项目选择国内电气自动化产品的市场格局。

为了弥补电气自动化控制技术的不足，当前我国在电气自动化控制技术的发展过程中，应该重视通过这一技术的应用来较好地完成工作任务，提升任务的完成度。现阶段，社会上的众多工作已经通过利用和开发电气自动化控制技术得到了全方位的优化。如果能够在工厂中全面实施电气自动化控制技术，那么工厂就可以实现在无人照看的状况下处理问题、生产产品、监督生产过程等，大大节省劳动力，有效地促进国民经济的发展。为了使电气自动化控制技术的发展更加多元化，我们应该站在长远发展的角度促进电气自动化控制技术的发展。下面分析电气自动化控制技术的发展特点。

（一）通过现场总线技术连接

现场总线技术是指将智能设备和自动化系统的分支架构进行串联的通信总线，该总线具有数字化、双向传输的特点。在实际的应用过程中，现场总线技术可以利用串行电缆，将现场的马达启动器、低压断路器、远程I/O站、智能仪表、变频器和中央控制室中的控制/监控软件、工业计算机等设施相连接，并将现场设施的信息汇入中央控制器中。

（二）IT技术与电气工业自动化发展

电气自动化控制技术的发展革命由互联网技术（IT）、客户端、客户机/服务器体系结构和以太网技术引起。与此同时，广泛应用的电子商务、IT平台与电气自动化控制技术的有效融合，也满足了市场的需要和信息技术渗透工业的要求。信息技术对工业世界的渗透包括两个独立的方面。第一，管理层的纵向渗透。借助融合了信息技术和市场信息的电气自动化控制系统，电气企业的业务数据处理体系可以及时存取现阶段企业的生产进程数据。第二，在电气自动化控制技术的系统、设施中横向融入信息技术。电气自动化控制系统在电气产品的不同层面已经高度融入了信息技术，不仅包含仪表和控制器，还包含执行器和传感器。

在自动化范畴内，多媒体技术和内联网/互联网技术的使用前景十分广阔。电气企业的管理层可以通过浏览器获取企业内部的人事、财务管理数据，还可以监控现阶段生产进程的动态场景。

对于电气自动化产品而言，电气自动化控制系统中应用视频处理技术和虚拟现实技术可以对其生产过程进行有效的控制，如设计实施维护体系和人机界面等；应用微处理和微电子技术可以促进信息技术的改革，使以往具备准确定义的设备界定变得含糊不清，如控制体系、可编辑逻辑控制器（PLC）和控制设施。这样一来，与电气自动化控制系统有关的软件、组态情境、软件结构、通信水平等方面的性能都能得到显著的提升。

（三）信息集成化发展

电气自动化控制系统的信息集成化发展主要表现在以下两个方面。

一方面是管理层次方面。具体表现在电气自动化控制系统能够对企业的人力、物力和财力进行合理的配置，可以及时了解各个部门的工作进度。电气自动化控制系统能够帮助企业管理者实现高效管理，在发生重大事故时及时做出相应的决策。

另一方面是电气自动化控制技术的信息集成化发展。具体表现为：第一，研发先进的电气设施和对所控制的机器进行改良，先进的技术能够使电气企业生产的产品更快得到社会的认可；第二，技术方面的拓展延伸，如引入新兴的微电子处理技术，这使得技术与软件匹配，并趋于和谐统一。

（四）具备分散控制系统

分散控制系统是以微处理器为主，加上微机分散控制系统，全面融合先进的CRTR技术、计算机技术和通信技术而成的一种新型的计算机控制系统。在电气自动化生产的过程中，分散控制系统利用多台计算机来控制各个回路。这一控制系统的优势在于能够集中获取数据，并且同时对这些数据进行集中管理和实施重点监控。

随着计算机技术和信息技术的飞速发展，分散控制系统变得网络化和多元化，并且不同型号的分散控制系统可以同时并入电气自动化控制系统，彼此之间可以进行信息数据的交换，然后将不同分散控制系统的数据经过汇总后再并入互联网，与企业的管理系统连接起来。

分散控制系统的优点是，其控制功能可以分别在不同的计算机上实现，系统结构采取的是容错设计，即使将来某一台计算机出现瘫痪等故障，也不会影响整个系统的正常运行。如果采用特定的软件和专用的计算机，还能够提高电气自动化控制系统的稳定性。

分散控制系统的缺点是系统模拟混合系统时会受到限制，从而导致系统仍然使用以往的传统仪表，使系统的可靠性降低，无法开展有效的维修工作；分散控制系统的价格较为昂贵；生产分散控制系统的厂家没有制定统一的标准，从而使维修的互换性受到影响。

三、电气自动化控制技术发展原因分析

根据前文所述我们可以发现，电气自动化控制技术不断发展，其应用范围不断扩大是社会发展的必然结果。随着计算机技术和信息技术的快速发展，电气自动化控制技术逐渐融入计算机技术和信息技术，并将其运用于电气自动化设备，以促进电气自动化设备性能的完善。电气自动化控制技术与计算机技术和信息技术的融合，是电气自动化控制技术逐步走向信息化的重要表现。实际上，电气自动化控制设备与电气自动化控制技术能够相结合的基础与前提是，计算机具备快速的反应能力，同时电气自动化设备具有较大的存储量。如此一来，这一技术及应用这一技术的系统形成了普遍的网络分布、智能的运作方式、快速的运行速度以及集成化的特征，电气自动化设备可以满足不同企业不同的生产需求。

在电气自动化控制技术发展的初期，这一技术由于缺乏较强的应用价值和功能多样性，没能在社会生产中发挥其应有的价值。后来，随着电气自动化控制技术的成熟、功能的丰富，这一技术逐渐被广泛认可，其应用范围逐步扩大，为社会生产贡献了力量。

通过分析可以发现，电气自动化控制技术能够迅速发展并逐渐走向成熟主要有以下几点原因：第一，这一技术能够满足社会经济发展的需求；第二，这一技术能够借助智能控制技术、电子技术、网络技术和信息技术的发展来丰富自己，促使自己迅速发展；第三，由于电气自动化控制技术普遍应用于航空、医学、交通等领域，各高校为了顺应社会的发展，开设了电气自动化专业，培养了大量的优秀技术人员。正是由于以上原因，在我国经济快速发展的过程中，电气自动化控制技术获得了发展。

我们还可以发现，电气自动化控制技术曾经发展困难的主要原因在于工作人员的水平良莠不齐。对此，为了促进电气自动化控制技术的发展，相关的工作人员应该紧跟时代的发展步伐，积极学习电气自动化控制技术，并对电气自动化控制技术进行优化。

四、应用电气自动化控制技术的意义

电气自动化控制技术是顺应社会发展潮流而出现的，它可以促进经济发展，是现代化生产所必需的技术之一。当今的电气企业，为了扩大生产投入了大

量的电气设施，这样不仅导致工作量巨大，而且工作过程十分复杂和烦琐。出于成本等方面的考虑，一般电气设备的工作周期很长、工作速度很快。为了确保电气设备的稳定、安全运行，同时为了促进电气企业的优质管理，电气企业应该有效地促进电气设备和电气自动化控制系统的融合，并充分发挥电气设备所具备的优秀特性。

应用电气自动化控制技术的意义表现在以下三个方面。第一，电气自动化控制技术的应用实现了社会生产的信息化建设。信息技术的快速发展实现了电气自动化控制技术在各行各业的完美渗透，大力推动了电气自动化控制技术的发展。第二，电气自动化控制技术的应用使电气设备的使用、维护和检修更加方便快捷。利用Windows平台，电气自动化控制技术可以实现控制系统的故障自动检测与维护，提升了该系统的应用范围。第三，电气自动化控制技术的应用实现了分布式控制系统的广泛应用。通过连接系统实现了中央控制室、计算机、工业生产设备以及智能设备等相关设备的结合，并将工业生产体系中的各种设备与控制系统连接到中央控制系统中进行集中控制与科学管理，降低了生产事故的发生概率，并有效地提升了工业生产的效率，实现了工业生产的智能化和自动化管理。

五、电气自动化控制系统应用

（一）电气自动化控制系统在工业生产中的应用

自从改革开放以来，我国的工业得到了迅速的发展，并逐渐扩大了电气自动化控制系统的使用范围。在过去传统的工业生产中，企业对人力、物力的投入很大，而且经常出现供不应求的局面，这在很大程度上影响了工业的生产效率。但是，从目前我国工业生产的发展现状来看，传统的机械设备已经逐渐被电气自动化设备取代，电气自动化设备不仅能够为工业生产节省大量的劳动力，还能提高工业生产的效率。由此可见，在工业生产中使用电气自动化控制系统，能够给生产企业带来很大效益，从而保证生产企业的稳定发展。

（二）电气自动化控制系统在农业生产中的应用

据相关调查显示，电气自动化控制系统被广泛地应用到了农业生产中，电气自动化控制系统在很大程度上加快了农业生产机械化的进程，提高了粮食产量，减少了粮食的浪费情况。与此同时，电气自动化技术提高了农业机械装备的可操作性，比如谷物干燥机和施肥播种机的电气自动化应用技术。另外，在微灌技术领域中，还要注意对微喷灌设备、滴灌设备的改进，保证部分地区实现自动化灌溉，从而提高粮食的产量。

（三）电气自动化控制系统在服务行业中的应用

近年来，随着我国人民物质生活水平的不断提高，人们对服务业的要求越来越高。因此，企业为了提高自身的服务质量，就应该重视电气自动化控制技术，更好地为人们提供优质的服务。在日常生活中，电子产品被越来越多的人接受和使用，电子产品中也应用了电子自动化控制技术，比如手机、电脑、跑步机、电梯等，这些电子产品给人们带来了很大的便利。再如，在自动存取款机上应用电气自动化控制技术，有效地提高了银行的服务效率。

（四）电气自动化控制系统在电网系统中的应用

目前，电气自动化控制技术也被广泛地应用到了电网系统中。电气自动化控制系统在电网系统中的应用主要指的就是通过计算机网络系统、服务器等实现电网调度自动化控制的目的。在具体的电网系统中，通过电网的调度自动化技术，能够实现对相关数据的采集和整理，从而分析出电网的运行状态，最后，对电网系统做出一个整体的评价。总之，电网系统中使用电气自动化控制技术，顺应了时代发展的步伐。因此，相关研究人员应该加大对电气自动化控制技术在电网系统中的应用力度。

（五）电气自动化控制系统在公路交通中的应用

目前，随着我国交通行业的快速发展，电气自动化控制系统被广泛应用到了公路交通中。人们物质生活水平越来越高，私家车数量也变得越来越多，这对私家车的技术研发提出了更高的要求，很多汽车厂家都在使用自动化控制技术，只有这样才能保证自身的市场竞争地位。除此之外，电子警察、交通灯系统也在使用电气自动化控制技术，这给公路交通管制提供了较多的便利。

六、应用电气自动化控制技术的建议

经过研究发现，大多数运用电气自动化控制技术的企业都是将电气自动化控制技术当作一种顺序控制器使用，这也是实际的生活、生产中使用电气自动化控制技术的常见方法。例如，火力发电厂运用电气自动化控制技术可以有效地清理炉渣与飞灰。但是，在电气自动化控制技术被当作顺序控制器使用的情况下，如果控制系统无法有效地发挥自身的功能，电气设备的生产效率也会随之下降。对此，相关工作人员应该合理、有效地组建和设计电气自动化控制系统，确保电气自动化控制技术可以在顺序控制中有效地发挥自身的效能。一般来说，电气自动化控制技术包含三个主要部分：一是远程控制；二是现场传感；三是主站层。以上部分紧密结合，缺一不可，为电气自动化控制技术顺序控制效能的充分发挥提供了保障。

电气自动化控制技术在应用时应达到的目标是在虚拟继电器运行过程中，电气控制以可编程存储器的身份进行参与。通常情形下，继电器开始通断控制时，需要较长的反应时间，这意味着继电器难以在短路保护期间得到有效控制。对此，电气企业要实施有效的改善方法，如将自动切换系统和相关技术结合起来，从而提高电气自动化控制系统的运行速度，该方法体现了电气自动化控制技术在开关调控方面所发挥的应用效果。

根据前文分析可知，电气自动化控制技术得以发展的主要原因是普遍运用Windows平台等。与此同时，由于经济市场的需要，IT技术与电气自动化控制技术的有效结合是大势所趋，且电子商务的发展进一步促进了电气自动化控制技术的发展。在此过程中，相关工作人员自身的专业性决定了电气自动化控制体系的集成性与智能性，并且它对操作电气自动化控制体系的工作人员提出了较高的专业要求。对此，电气企业必须加强对操作电气设备工作人员的培训，加深相关工作人员对电气自动化控制技术和系统的充分认识。与此同时，电气企业还要加强对安装电气设备人员的培训，使相关工作人员对电气设备的安装有所了解。此外，对于没有接触过新型电气自动化控制技术、新型电气设备的工作人员和电气企业而言，只有实行科学合理的培训才能够促进人员和企业的专业性发展。综上，电气企业必须重视提升工作人员的操作技术水准，确保每一位技术工作人员都掌握操控体系的软、硬件，以及维修保养、具体技术要领等知识，以此提高电气自动化控制系统的可靠性和安全性。

目前，我国在电气自动化控制技术的应用方面存在较多问题，对此，人们应给予电气自动化足够的重视，加强电气自动化控制技术方面的研究，提高电气设备的生产率。为了达到有效应用电气自动化控制技术的目的，本书提出以下建议。

第一，要以电气工程的自动化控制要求为基本，加大技术研发力度，组织专业的专家和学者对各种各样的实践案例进行分析，总结电气工程自动化调控理论研究的成果，为电气自动化控制技术的应用提供明确的方向和思路。

第二，要对电气工程自动化的设计人员进行培训，举办专门的技术训练活动，鼓励设计人员努力学习电气自动化控制技术，从而使其可以根据实际需求情况，在电气自动化控制技术应用的过程中获得技术支持。

第三，要快速构建规范的电气自动化控制技术标准，使其在电气行业内起到标杆的作用，为电气自动化控制技术的信息化发展提供有力保障，从而确保统一、规范的行业技术应用。

第四，要实现电气自动化控制技术的使用企业与设计单位全面的信息交流沟通，以使其设计或应用的电气自动化控制系统能够达到预定的目标。

第五，如果电气自动化控制系统的工作环境相对较差，受诸如电波干扰之类的影响，企业相关负责人要设置一些抗干扰装置，以此保障电气自动化控制系统的正常运行，从而使其功能得到最大限度发挥。

七、电气自动化控制技术未来的发展方向

电气自动化控制技术目前的研究重点是，实现分散控制系统的有效应用，确保电气自动化控制体系中不同的智能模块能够单独工作，使整个体系具备信息化、外布式和开放化的分散结构。其中，信息化是指能够整体处理体系信息，与网络结合达到管控一体化和网络自动化的水平；外布式是一种能够确保网络中每个智能模块独立工作的网络，该结构能够达到分散系统危险的目的；开放化则是系统结构具有与外界的接口，实现系统与外界网络的连接。

在现代社会工业生产的过程中，电气自动化控制技术具备广阔的发展前景，逐渐成为工业生产过程中的核心技术。作者在研究与查阅大量文献资料后，将电气自动化控制技术未来的发展方向归纳为以下三个方面。第一，人工智能技

术的快速发展促进了电气自动化控制技术的发展，在未来社会中，工业机器人必定逐步转化为智能机器人，电气自动化控制技术必将全面提高智能化的控制质量；第二，电气自动化控制技术正在逐步向集成化方向发展，在未来社会中，电气行业的发展方向必定是研发出具备稳定工作性能的、空间占用率较小的电气自动化控制体系；第三，电气自动化控制技术随着信息技术的快速发展正在迈向高速化发展道路，为了向国内的工业生产提供科学合理的技术扶持，工作人员应该研发出具备控制错误率较低、控制速度较快、工作性能稳定等特征的电气自动化控制体系。

相信以上做法可以促进电气产品从"中国制造"向"中国创造"转变，开创出电气自动化控制技术新的应用局面。在促进电气自动化控制技术创新的过程中，电气企业应该在维持自身产品价格竞争的同时，探索电气自动化控制技术科学、合理的发展路径，并将高新技术引入其中。此外，为了促进电气自动化控制技术的有效改革，电气企业应该根据国家、地区、行业和部门的实际要求，在达成全球化、现代化、国际化的进程中贯彻落实科学发展观，通过全方位实施可持续发展战略，掌握科学发展观的精神实质和主要含义，归纳、总结、应用电气自动化控制技术过程中的经验教训，协调自身的发展思路和观念，最后通过科学发展观的实际需求，使自身的行为举止和思维方式得到切实统一。

总的来说，电气自动化控制技术未来的发展有6个方向，具体分析如下。

（一）不断提高自主创新能力

智能家电、智能手机、智能办公系统的出现大大方便了人们的日常生活。据此可知，电气自动化控制技术的主要发展方向就是智能化。只有将智能化融入电气自动化控制技术中，才能够满足人们对智能化生活的需求。根据市场的导向，研究人员要对电气自动化控制技术做出符合市场实际需求的改变和规划。另外，鉴于每个行业对电气自动化控制技术的要求不同，研究人员还需要随时调整电气自动化控制技术，使电气自动化控制技术根据不同的行业特征，达到提升生产效率、减少投资成本的功效，从而增加企业的经营利润。

随着人工智能的出现，电气自动化控制技术的应用范围变得更大。虽然现在很多电气生产企业都已经应用了电气自动化控制技术来代替员工工作，减少了用工人数，但在自动化生产线的运行过程中，仍有一部分工作需要人工来完成。

若是结合人工智能来研发电气自动化控制系统，就可以再次降低企业对员工的需要，提高生产效率，解放劳动力。由此可见，电气自动化控制技术未来一定是朝着智能化的方向发展。

对于电气自动化产品而言，因为越来越多的企业实施电气自动化控制，所以其在市场中占据的份额越来越大。电气自动化产品的生产厂商如果优化自身的产品、创新生产技术，就可以获取巨大的经济效益。对此，电气自动化产品的生产厂商应该积极主动地研发、创新智能化的电气自动化产品，提升自身的创新水平；优化自身的体系维护工作，为企业提供强有力的保障，促进企业的全面发展。

（二）电气自动化企业提高人才培养要求

要想促进电气行业的合理发展，电气企业应该加强对提升内部工作人员整体素养的重视，提高员工对电气自动化控制技术掌握的水平。为此，电气企业必须经常对员工进行培训，培训的重点内容即专业技术，以此实现员工技能与企业实力的同步增长。随着电气行业的快速发展，电气人才的需求量缺口不断扩大。虽然高等院校不断加大电气自动化专业人才的培养力度，以填补市场专业型人才的巨大缺口，但实际上，因高校培养的电气自动化人才的专业水平有所欠缺，所以电气自动化专业毕业生就业难和电气自动化企业招聘难的"两难"问题依旧突出。对此，高校必须加大人才培养力度，培养专业的电气自动化人才。

针对电气自动化控制系统的安装和设计过程，电气企业要经常对技术人员进行培训，以此提高技术人员的素质，同时要注意扩大培训规模，使维修人员的操作技术更加娴熟，从而推动电气自动化控制技术朝着专业化的方向大步前进。此外，随着技术培训的不断增多，实际操作系统工作人员的工作效率会大大提升。培训流程的严格化、专业化还可以提高员工的维修和养护技术，加快员工今后排除故障、查明原因的速度。

（三）电气自动化控制平台逐渐统一化和集成化

1.统一化发展

电气自动化控制技术在各个行业的实施和应用是通过计算机平台来实现的。这就要求计算机软件和硬件有确切的标准和规格，如果规格和标准不明确，就会导致电气自动化控制系统无法正常运行，计算机软硬件出现问题。同样，如果发生计算机软硬件与电气自动化装置接口不统一的情况，就会使装置的启动、运行受到阻碍，无法发挥利用电气自动化设备调控生产的作用。因此，电气自动化装置的接口务必与电气设备的接口统一，这样才能发挥电气自动化控制系统的兼容性能。另外，我国针对电气自动化控制系统的软硬件还没有制定统一的标准，这就需要电气生产厂家与电气企业协同合作，在设备开发的过程中统一标准，使电气产品能够达到生产要求，提高工作效率。

2. 集成化发展

电气自动化控制技术除了朝着智能化方向发展外，还会朝着高度集成化的方向发展。近年来，全球范围内的科技水平都在迅速提高，很多新的科学技术不断与电气自动化控制技术相结合，为电气自动化控制技术的创新和发展提供了条件。未来电气自动化控制技术必将集成更多的科学技术，这不仅可以使其功能更丰富、安全性更高、适用范围更广，还可以大大缩小电气设备的占地面积，提高生产效率，降低企业的生产成本。与此同时，电气自动化控制技术朝着高度集成化的方向发展对自动化制造业有极大的促进作用，可以缩短生产周期，并且有利于设备的统一养护和维修，有利于实现控制系统的独立化发展。

综上所述，未来电气自动化控制技术必然朝着统一化、集成化的方向发展，这样能够减少生产时间，降低生产成本，提高生产效率。当然，为了使电气自动化控制平台能够朝着统一化、集成化的方向发展，电气企业需要根据客户的需求，在开发时采用统一的代码。

（四）电气自动化技术层次的突破

随着电气自动化控制技术的不断进步，电气工程也在迅猛发展，技术环境也日益开放，设备接口也朝着标准化方向飞速前进。实际上，以上改变对企业之间的信息交流沟通有极大的促进作用，方便了不同企业间进行信息数据的交换活动，克服了通信方面存在的一些障碍。通过对我国电气自动化控制技术的发展现状分析可知，未来我国电气自动化控制技术的水平会不断提高，达到国际先进水平，也会逐渐提高我国电气自动化控制技术的国际知名度，提升我国的经济效益。

虽然现在我国电气自动化控制技术的发展速度很快，但与发达国家相比还有一定的差距，我国电气自动化控制技术距离完全成熟阶段还有一段距离，具体表现为信息无法共享，致使电气自动化控制技术应有的功能不能完全发挥出来，而数据的共享需要依托网络来实现，但是我国电气企业的网络环境还不完善。不仅如此，由于电气自动化控制体系需要共享的数据量很大，若没有网络的支持，当数据库出现故障时，就会导致整个系统停止运转。为了避免这种情况的发生，加大网络的支持力度显得尤为重要。

当前，技术市场越来越开放，面对越来越激烈的行业竞争，各个企业为了适应市场变化，不断加大对电气自动化控制技术的创新力度，注重自主研发自动化控制系统，同时特别注重培养创新型人才，并取得了一定的成绩。实际上，企业在增强自身综合竞争力的同时，也在不断促进电气自动化控制技术的发展和创新，还为电气工程的持续发展提供技术层面上的支持和智力层面上的保障。由此可见，电气自动化控制技术未来的发展方向必然包括电气自动化技术层面的创新，即创新化发展。

（五）不断提高电气自动化技术的安全性

电气自动化控制技术要想快速、健康地发展，不仅需要网络的支持，还需要安全方面的保障。如今，电气自动化企业越来越多，大多数安全意识较强的企业选择使用安全系数较高的电气自动化产品，这也促使相关的生产厂商开始重视产品的安全性。现在，我国工业经济正处于转型的关键时期，而新型的工业化发展道路是建立在越来越成熟的电气自动化控制技术的基础上的。换言之，电气自动化控制技术趋于安全化才能更好地实现其促进经济发展的功能。为了实现这一目标，研究人员可以通过科学分析电力市场的发展趋势，逐渐降低电气自动化控制技术的市场风险，防患于未然。

此外，由于电气自动化产品在人们的日常生活中越来越普及，电气企业要确保电气自动化产品的安全性，避免任何意外的发生，保证整个电气自动化控制体系的正常运行。

（六）逐步开放化发展

随着科学技术的不断发展和进步，研究人员逐渐将计算机技术融入电气自动化控制技术中，这大大加快了电气自动化控制技术的开放化发展。现实生活中，许多企业在内部的运营管理中也运用了电气自动化控制技术，主要表现在对ERP系统的集成管理概念的推广和实施上。ERP系统是企业资源计划（Enterprise Resource Planning）的简称，是指建立在信息技术基础上，集信息技术与先进管理思想于一身，以系统化的管理思想，为企业员工及决策层提供决策手段的管理平台。一方面，企业内部的一些管理控制系统可以将ERP系统与电气自动化控制系统相结合使用，以此促进管理控制系统更加快速、有效地获得所需数据，为企业提供更为优质的管理服务；另一方面，ERP系统的使用能够使传输速率平稳增加，使部门间的交流畅通无阻，使工作效率明显提高。由此可见，电气自动化控制技术结合网络技术、多媒体技术后，会朝着更为开放的方向发展，使更多类型的自动化调控功能得以实现。

第二节 电气自动化节能技术的应用

一、电气自动化节能技术概述

作为电气自动化专业的新兴技术，电气自动化节能技术不断发展，已经与人们的日常生活及工业生产密切相关。它的出现不但降低了企业运行成本，还提升了工作效率，使劳动人员的劳动条件得以改善。近年来，节能环保逐渐被提上日程。根据世界未来经济发展的趋势可知，要想掌控世界经济的未来，就要掌握有关节能的高新产业技术。对于电气自动化系统来说，随着城市电网的逐步扩展，电力持续增容，整流器、变频器等使用频率越来越高，这会产生很多谐波，使电网的安全受到威胁。要想消除谐波，就要以节能为出发点，从降低电路的传输消耗、补偿无功，选择优质的变压器，使用有源滤波器等方面入手，从而使电气自动化控制系统实现节能的目的。基于此，电气自动化节能技术应运而生。

电气自动化已经应用在很多行业，与人们的生活、生产有着密切的关系。电气自动化的节能设计是非常重要的，特别是在新技术领域，能够减少电能的浪费和消耗，电网不会陷入输电受阻、供电紧张的恶性循环。另外，还能够为居民提供很好的发展空间和良好的生活环境。电气自动化节能技术对于企业来说，能够最大程度地获取经济效益，成本得到大幅度降低，能耗也得到降低，工作效率也得到了提高，会使电气设备更加安全可靠。因此，很有必要对电气自动化节能设计技术进行研究。

二、电气自动化节能技术的应用设计

电气设备的合理设计是电力工程实现节能目的的前提条件，优质的规划设计为电力工程今后的节能工作打下了坚实的基础。为使读者对电气自动化节能技术有更加深入的了解，下面具体阐述其应用设计。

（一）为优化配电的设计

在电气工程中，许多装置都需要电力来驱动，电力系统就是电气工程顺利实施的动力保障。因此，电力系统首先要满足用电装置对负荷容量的要求，并且提供安全、稳定的供电设备以及相应的调控方式。配电时，电气设备和用电设备不仅要达到既定的规划目标，而且要有可靠、灵活、易控、稳妥、高效的电力保障系统，还要考虑配电规划中电力系统的安全性和稳定性。

此外，要想设计安全的电气系统，首先，要使用绝缘性能较好的导线，施工时还要确保每根导线之间有一定的绝缘间距；其次，要保障导线的热稳定、负荷能力和动态稳定性，使电气系统使用期间的配电装置及用电设备能够安全运行；最后，电气系统还要安装防雷装置及接地装置。

（二）为提高运行效率的设计

选择电气自动化控制系统的设备时，应尽量选择节能设备，电气系统的节能工作要从工程的设计初期做起。此外，为了实现电气系统的节能作用，可以采取减少电路损耗、补偿无功、均衡负荷等方法。例如，配电时通过设定科学合理的设计系数实现适当的负荷量。组配及使用电气系统时，通过采用以上方法，可以有效提升设备的运行效率及电源的综合利用率，从而直接或者间接地降低耗电量。

（三）认真做好电气自动化节能技术与光伏设备的结合

我国光伏产业增长速度位于世界前列，光伏设备制造前景较为乐观。我国光伏产业无论在生产还是在研发方面，都始终坚持科技创新的理念，实现自我超越。在当下倡导"绿色工业"的环境下，要努力致力于节能环保，将电气自动化节能技术与光伏设备生产进行科学结合，在技术创新和行业地位上处于领先地位。随着环保要求的提高，光伏产业的整体环境趋向好转。我国的光伏产业无论在技术创新上、产业规模上，还是在品牌效应上，设备性能已经有了较大的提高。目前我国的光伏设备制造业已经形成了一个较为完备的体系，但是如何做好节能环保，仍是需要面对的重要课题。为了使电气自动化节能设计技术与光伏产业更好地结合，还需要不断地努力，有创造性地发展。

三、电气系统中的电气自动化节能技术

（一）降低电能的传输损耗

传输损耗是由导线传输电流时因电阻而导致的功耗损失。导线传输的电流是不变的，如果要减少电流在线路传输时的消耗，就要减少导线的电阻。导线的电阻与导线的长度成正比，与导线的横截面积成反比。

要想使导线的电阻减小，可以采用以下几种方法。第一，在选取导线时选择电阻率较小的材质，这样就能有效地减少电能的电路损耗；第二，在进行线路布置时，导线要尽量走直线，避免有过多的曲折路径，从而缩短导线的长度；第三，将变压器安装在负荷中心附近，从而缩短供电的距离；第四，加大导线的横截面积，即选用横截面积较大的导线来减小电阻，从而达到节能的目的。

（二）选择变压器

在电气自动化节能技术中选择合适的变压器至关重要。一般来说，变压器的选择需要满足以下要求。第一，变压器是节能型产品，这样变压器的有功功率的耗损才会降低；第二，为了使三相电的电流在使用中保持平稳，就需要变压器减少自身的耗损。通常会采用以下手段达到这一目的：单相自动补偿设备、三相四线制的供电方式、将单相用电设备对应连接在三相电源上等。

（三）无功补偿

无功功率是指在具有电抗的交流电路中，电场或磁场在一周期的一部分时间内从电源吸收能量，另一部分时间则释放能量，在整个周期内平均功率是零，但能量在电源和电抗元件（电容、电感）之间不停地交换。交换率的最大值即为无功功率。

由于无功功率在电力系统的供配电装置中占有很大的容量，导致线路的耗损增大，电网的电压不足，从而使电网的经济运行及电能质量受到损害。对于普通用户来说，功率因数较低是无功功率的直接呈现方式，如果功率因数低于0.9，供电部门就会向用户收取相应的罚金，这就造成用户的用电成本增加，损害自身经济利益。如果使用合适的无功补偿设备，那么就可以实现无功就地平衡，提高功率因数。这样一来，就可以达到提升电能品质、稳定系统电压、减少消耗等目的，进而提高社会效益和经济效益。例如，在受导电抗的作用下，电机发出的交流电压和交流电流不为零，导致电器不能全部接收电机所发出的电能，在电器和电机之间不能被接收的电能进行来回流动，得不到释放。又因为电容器产生的是超前的无功功率，所以无功率的电能与使用的电容器补偿之间能进行相互消除。

（四）使用有源滤波器

为了有效避免与电网连接电气设备的误动作，就必须消除谐波，而消除谐波最有效的方法就是使用有源滤波器。误动作主要是由于电气设备数量的增加，产生的谐波越来越多，又由于这些谐波电流在电网阻抗上产生的电压与基波电压重叠，就会引起电压的畸变，从而造成电气设备产生误动作。概括起来，有源滤波器主要有以下特性：具有优异的动态性能，反应快，能使功率范围更广，能使无功补偿达到更好的效果。

（五）选择电压等级

电压等级的合理配置同样能够起到较好的节能效果。一方面是处理好高压和低压配电的电压等级选择；另一方面就是在确定供电电压时，需要综合考虑多方面的影响因素，包括用电设备的性质、设计的前景规划、电网的发展计划，以及供电回路的数量等。

（六）供配电系统的设计

通过供配电系统的合理设计来实现节能无疑是较为直接和有效的方式之一。具体来说，可以从以下三个方面来着手：一是尽可能地减少配电的级别，这样能够有效地提高供配电系统的稳定性和可靠性；二是要结合实际的用电情况来确定供配电的情况，尽可能保证变压器处于负荷的中心位置，这样就能够最大限度地降低供电半径，从而实现电力节能，这样的节能方式还能够在一定程度上提高供电的质量。

（七）提高自然功率因数

自然功率因数就是在没有配备无功补偿装置的供配电系统中有功功率与无功功率的比值。用电设备根据其性质可以分为直流、电感和电容三大类，而在实际应用中，通常这三种性质的电器会同时存在，这时候系统中就会因为感性和容性电器的存在而产生一部分无功功率，我们所要做的就是通过系统自身的超前无功将其抵消掉。

以上就是电气系统中的电气自动化节能技术的应用及其原理，可以达到节省能源、降低能耗的目的。

第三节　电气自动化监控技术的应用

一、电气自动化监控系统的基本组成

将各类检测、监控与保护装置结合并统一后就构成了电气自动化监控系统。目前，我国很多电厂采用传统、落后的电气监控系统，自动化水平较低，不能同时监控多台设备，不能满足电厂监控的实际需要。基于此，电气自动化监控技术应运而生，这一技术的出现很好地弥补了传统监控系统的不足。下面具体阐述电气自动化监控系统的基本组成。

（一）间隔层

在电气自动化监控系统的间隔层中，各种设备在运行时常常被分层间隔，并且在开关层中还安装了监控部件和保护组件。这样一来，可以将设备间的相互影响降到最低，很好地保护了设备运行的独立性。而且，电气自动化监控系统的间隔层减少了二次接线的用量，这样做不仅减少了设备维护的次数，还节省了很多资金。

（二）过程层

电气自动化监控系统的过程层主要是由通信设备、中继器、交换装置等部件构成的。过程层可以依靠网络通信实现各个设备间的信息传输，为站内信息进行共享提供极好的条件。

（三）站控层

电气自动化监控系统的站控层主要采用分布开发结构，其主要功能是独立监控电厂的设备。站控层是发挥电气自动化监控功能的主要组成部分。

二、电气自动化监控系统的优势

（一）提高工作效率

在我国企业日常工作的过程中，经常会对电气自动化的监控系统进行一系列的优化，这种优化可以更好地实现数据采集、数据分析和处理等工作。对于企业来说，可以解决很多麻烦，也可以节省很多的时间。对于电气自动化监控系统来说，它不仅可以进行信息采集、分析以及处理，还可以随时更新数据。这样一来，也可以使工作人员更好、更快、更及时地掌握工厂生产的状况，对于一些人工不容易发现的细小问题，也可以及时地发现。与此同时，对于一些事故的预防以及处理都有着很好的推动作用。它可以从根本上提高员工的工作效率，也可以增加工作时的安全系数。

（二）提高工作精准度

对于传统的电气化工作方式来说，企业主要是通过选聘较为专业的人员来从事专业的工作。这些工作人员的技术水平虽然很高，工作态度也很认真，但工作是十分繁忙和复杂的，在部分较为烦琐的工作中，有很多工作人员无法注意到一些较为细节的问题，或者无法解决一些问题。而电气自动化的监控技术可以通过互联网技术来对问题进行及时地分析和解决。除此之外，对于人来说，在工作的过程中，难免会受到情绪的影响，或者是身体的影响，但是机械就不会受到这些因素的影响。如果人受到其他因素的影响，那么就会很容易导致工作效率及产品质量出现问题，而电气自动化的监控系统就不会受到这些因素的影响，机器和系统不会有情绪上的波动，也不会受到天气或者是其他因素的影响，所以可以有效地避免一些不必要的错误。当然，对于机器来说，它们可能会发生损坏，或者产生系统漏洞，但是随着科技的不断发展，以及机械的维修与更新换代，系统的定期维护，这些问题都可以有效地解决。

（三）节约成本

在以往的工作中，工厂大多都是由工作人员来检修设备，借此对机械进行实时的监控。而一个工厂的机械是十分多的，并且对这些机械进行操作也是十分烦琐的，所以就需要雇用大量的劳动力来对这些设备进行监控。稍有不慎，就会造成很大的安全事故。因此在工作的过程中，就要求这些工作人员的注意力高度集中，所以他们的工作是十分辛苦的。不仅如此，对于监控机械这份工作来说，没有特别大的挑战性，所以有许多人在工作一段时间后，都会选择放弃这份工作，这对于工厂来说将会造成很多麻烦，而机械就不会出现这些问题。虽然电气自动化的监控系统技术在研发的过程中需要大量的资金，但是在技术投入使用之后，将会节省很多不必要的人力成本，对于企业来说可以节省很大一笔资金，对于企业的未来发展也将是十分有利的。

三、电气自动化监控系统技术的设计理念

（一）集中化的监控方式

集中化的监控可以保证对设备运行和维护的监测和控制，其监控要求不

高，系统设置较容易完成。但由于集中监控的功能主要是通过处理器完成，其监控对象增减导致主机设备电缆数量增加，需要更大的投资、更长的电缆。较长的电缆也会导致系统可靠性降低，对于设备的接线进行合理的维护，保证传输线路的合理化，不造成线路的损害。

（二）远程式的监控方式

远程式的监控方式可以降低费用，对于电缆、设备、材料等都有不同程度的缩减，增加了监控方式的灵活性，节约了设备成本，保证了监控的灵活形式。通过对总线通信设备速度的监控，对系统监控可以保证整体电气自动化系统以合理方式运行，对社会科技的飞速发展，节约成本，节约时间有重要的意义。

（三）对于现场电缆总线的监控处理方式

目前，电缆总线可以对互联网计算机进行电气自动化系统控制，保证运行的合理化、智能化，加快了目前电气自动化设备的发展，节约了网络系统控制的消耗成本。通过现场系统总线的控制，对系统的设计有更好的针对性，对不同的功能进行不同的监控，保证因地制宜地处理系统监控问题，对于不同的功能也有不同的时间间隔。系统通过对现场总线进行合理的设备数据隔离，与监控系统的线路进行连接，保证电气控制的自动化管理成本大大降低。另外对于相互独立的设备要通过网络进行合理的连接，保证网络监控的灵活性，提高系统的可靠性，防止系统设备处于不工作状态。现场电缆总线的监控方式是未来自动化系统主要的发展方向。

四、应用电气自动化监控技术的意义

（一）市场经济意义

电气自动化企业采用电气自动化监控技术可以显著提升设备的利用率，加强市场与电气自动化企业间的联系，推动电气自动化企业的发展。从经济利益方面来说，电气自动化监控技术的出现和发展，极大地改变了电气自动化企业传统的经营和管理方式，提高了电气自动化企业对生产状况的监控方式和水平，使得多种成本资源的利用更加合理。应用电气自动化监控技术不仅提升了资源利用率，还促进了电气自动化企业的现代化发展，从而使企业达成社会效益和经济效益的双丰收。

（二）生产能力意义

电气自动化企业的实际生产需要运用多门学科的知识，而要切实提高生产力，离不开先进科技的大力支持。将电气自动化监控技术应用到电气自动化企业的实际运营中，不仅降低了工人的劳动强度，还提高了生产设备的运行效率，避免了由于问题发现不及时而造成的损失。与此同时，随着电气自动化监控技术的应用，电气自动化企业劳动力减少，对于新科技、科研方面的投资力度加大，使电气自动化企业整体形成了良性循环，推动电气自动化行业整体进步。对此，需要注意的是，企业的管理人员必须了解电气自动化监控技术的实际应用情况，对企业的发展做出科学的规划，以此体现电气自动化监控技术的向导作用。

五、电气自动化监控技术在电厂的实际应用

（一）电厂中电气自动化监控技术的应用优势

电气自动化技术中的监控技术，主要指利用现代监控探头、自动感应技术等，动态监控电厂相关电气设备和系统在各个节点、环节等的运行情况，利用计算机汇总各个监控点的实际情况，将分析情况以图形形式呈现给相关技术人员，技术人员再利用分析结果，及时处理系统异常等情况。该项技术的应用有一定优势。

1.全面性

可从各个方位保障电厂电气系统的安全性，避免发生如火灾、设备老化、机械事故等异常情况。

2.可靠性

利用监控系统相关数据分析，相关技术人员可及时处理电厂电气系统异常问题，从而有效避免相关事故的发生。同时在该系统基础上，极大地避免人为失误。

3.经济效益

在监控系统基础上，相关单位可缩减电厂电气系统工作任务量，从而降低人

力支出。

4.便捷性

由于该监控系统具备信息收集、整理、分析、汇总和预警等功能，因此操作人员可更加快捷地获得相关信息，快速做出反应。

（二）电厂中电气自动化监控技术的实际应用

1.自动化监控模式

目前，电厂中经常使用的自动化监控模式分为两种：一是分层分布式监控模式，二是集中式监控模式。

分层分布式监控模式的操作方式为：在电气自动化监控系统的间隔层中使用电气装置实施阻隔分离，并且在设备外部装配保护和监控设备；在电气自动化监控系统的网络通信层配备光纤等装置，用来收取主要的基本信息，进行信息分析时要坚决依照相关程序进行规约变换；最后把信息所含有的指令传送出去，此时电气自动化监控系统的站控层负责对过程层和间隔层的运作进行管理。

集中式监控模式是指电气自动化监控系统对电厂内的全部设备实行统一管理，其主要方式是：利用电气自动化监控把较强的信号转化为较弱的信号，再把信号通过电缆输入终端管理系统，使构成的电气自动化监控系统具有分布式的特征，从而对全厂进行实时监控。

2.关键技术

（1）网络通信技术。应用网络通信技术主要通过光缆或者光纤来实现，另外可以借助利用现场总线技术实现通信。虽然这种技术具备较强的通信能力，但是它会对电厂的监控造成影响，并且影响电气自动化监控系统的有序运作，不利于自动监控目标的实现。实际上，如今还有很多电厂仍在应用这种技术。

（2）监控主站技术。这一技术一般应用于管理过程和设备监控中。应用这一技术能够对各种装置进行合理的监控和管理，能够及时发现装置运行过程中存在的问题和需要改善的地方。针对主站配置来说，需要依据发电机的实际容量来确定，不管发电机是哪种类型的，都会对主站配置产生影响。

（3）终端监控技术。终端监控技术主要应用在电气自动化监控系统的间隔层中，它的作用是对设备进行检测和保护。当电气自动化监控系统检测设备时，借助终端监控技术不仅能够确保电厂的安全运行，还能够提升电厂的可靠性和稳定性。这一技术在电厂的电气自动化监控系统中具有非常重要的作用，随着电厂的持续发展，这一技术将被不断完善，不仅要适应电厂发展的要求，还要增加自身的灵活性和可靠性。

（4）电气自动化相关技术。电气自动化相关技术经常被用于电厂的技术开发中，这一技术的应用可以减少工作人员在工作时出现的严重失误。要想对这一技术进行持续的完善和提高，主要应从以下几个方面开展工作。

第一，监控系统。初步配置电气自动化监控系统的电源时，要使用直流电源和交流电源，而且两种电源缺一不可。如果电气自动化监控系统需要放置于外部环境中，则要将对应的自动化设备调节到双电源模式。此外需要依照国家的相关规定和标准进行电气自动化监控系统的装配，以确保电气自动化监控系统中所有设备正常运行。

第二，确保开关端口与所要交换信息的内容相对应。绝大多数电厂通常会在电气自动化监控系统中使用固定的开关接口，因此，设备需要在正常运行的过程中确保所有开关接口与对应系统相符。这样一来，整个电气自动化监控系统设计就十分简单，即使以后线路出现故障，也可以很方便地进行维修。但是，这种设计会使用大量的线路，给整个电气自动化监控系统造成很大的负担，如果不能快速调节就会降低系统的准确性。此外，电厂应用时要对自身监控系统与自动化监控系统间的关系进行确定，分清主次关系，坚持以自动化监控系统为主的准则，使电厂的监控体系形成链式结构。

第三，准确运用数据分析。在使用自动化系统的过程中，需要运用数据信息对事故和时间点进行分析。但是，由于使用不同电机，产生的影响会存在一定的差异，最终的数据信息内容会欠缺准确性和针对性，无法有效地反映实际、客观状况。

第二章　自动控制系统及其应用

第一节　自动控制系统概述

一、自动控制理论的概述

自动控制是指应用自动化仪器仪表或自动控制装置代替人自动地对仪器设备或工业生产过程进行控制，使之达到预期的状态或性能指标。

（一）经典控制理论

自动控制理论是与人类社会发展密切联系的一门学科，是自动控制科学的核心，主要研究单输入、单输出线性定常控制系统的分析与设计。但它存在着一定的局限性，即对多输入、多输出系统不宜用经典控制理论解决，特别是对非线性时变系统更是无能为力。

（二）现代控制理论

现代控制理论本质上是一种时域法，其研究内容非常广泛，主要包括三个基本内容：多变量线性系统理论、最优控制理论，以及最优估计与系统辨识理论。现代控制理论从理论上解决了系统的可控性、可观测性、稳定性，以及许多复杂系统的控制问题。

（三）大系统理论

1. 现代频域方法

以传递函数矩阵为数学模型，研究线性定常多变量系统。

2. 自适应控制理论和方法

以系统辨识和参数估计为基础，在实时辨识基础上在线确定最优控制规律。

3. 鲁棒控制方法

在保证系统稳定性和其他性能的基础上，设计不变的鲁棒控制器，以处理数学模型的不确定性。

控制理论的应用范围不断扩大，从个别小系统的控制，发展到由若干个相互关联的子系统组成的大系统进行整体控制，从传统的工程控制领域推广到包括经济管理、生物工程、能源、运输、环境等大型系统以及社会科学领域。

大系统理论是过程控制与信息处理相结合的系统工程理论，具有规模庞大、结构复杂、功能综合、目标多样、因素众多等特点。它是一个多输入、多输出、多干扰、多变量的系统。大系统理论目前仍处于发展阶段。

（四）智能控制理论

随着现代科学技术的迅速发展，生产系统的规模越来越大，形成了复杂的大系统，导致控制对象、控制器，以及控制任务和目的日益复杂化，以致现代控制理论的成果很少在实际中得到应用。经典控制理论和现代控制理论在应用中遇到了不少难题，影响了它们的实际应用，其主要原因有三：

1. 精确的数学模型难以获得

此类控制系统的设计和分析都是建立在精确的数学模型基础上的，而实际系统由于存在不确定性、不完全性、模糊性、时变性、非线性等因素，一般很难获得精确的数学模型。

2. 假设过于苛刻

研究这些系统时，人们必须提出一些比较苛刻的假设，而这些假设在应用中往往与实际不符。

3.控制系统过于复杂

为了提高控制性能，整个控制系统变得极为复杂，这不仅增加了设备投资，也降低了系统的可靠性。

第三代控制理论即智能控制理论就是在这样的背景下提出来的，它是人工智能和自动控制交叉的产物，是当今自动控制科学的出路之一。

二、自动控制理论的发展

自动控制理论是研究自动控制共同规律的技术科学。它的发展初期，是以反馈理论为基础的自动调节原理，主要应用于工业控制。后期为了设计和制造飞机及船用自动驾驶仪、雷达跟踪系统，以及其他基于反馈原理的军用设备，进一步促进并完善了自动控制理论的发展。到第二次世界大战后，已形成完整的自动控制理论体系，这就是以传递函数为基础的经典控制理论，它主要研究单输入、单输出的线性定常系统的分析和设计问题。

随着现代应用数学新成果的推出和电子计算机的应用，为适应航天技术的发展，自动控制理论跨入了一个新的阶段——现代控制理论。它主要研究具有高性能、高精度的多变量、变参数系统的最优控制问题，主要采用的方法是以状态为基础的状态空间法。目前，自动控制理论还在继续发展，正向以控制论、信息论、仿生学为基础的智能控制理论深入。

随着工业自动控制系统装置制造行业竞争的不断加剧，大型工业自动控制系统装置制造企业间并购整合与资本运作日趋频繁，国内优秀的工业自动控制系统装置制造企业越来越重视对行业市场的研究，特别是对产业发展环境和产品购买者的深入研究。主要研究了电气传动控制系统所需要的自动控制原理中的基本内容，自动控制系统的分析与校正，闭环直流调速系统，可逆直流调速系统，直流脉宽调速系统，位置随动系统，交流调速系统中的变频调速、矢量控制等新技术。

在工业自动化市场，供应和需求之间存在错位。客户需要的是完整的能满足自身制造工艺的电气控制系统，而供应商提供的是各种标准化器件产品。行业不同，电气控制的差异非常大，甚至同一行业客户因各自工艺的不同导致需求也有很大差异。这种供需之间的矛盾为工业自动化行业创造了发展空间。

中国拥有世界最大的工业自动控制系统装置市场，传统工业技术改造、工厂自动化、企业信息化需要大量的工业自动化系统，市场前景广阔。工业控制自动化技术正在向智能化、网络化和集成化方向发展。

由于计算机技术的发展，使微计算机控制技术在制冷空调自动控制方面的应用越来越普遍。计算机控制过程可归纳为实时数据采集、实时决策和实时控制三个步骤。这三个步骤不断重复进行就会使整个系统按照给定的规律进行控制、调节。同时，也对被控参数及设备的运行状态、故障等进行监测、超限报警和保护，同时还可以记录历史数据。

应该说，计算机控制在控制功能如精度、实时性、可靠性等方面是模拟控制所无法比拟的。更为重要的是，由于计算机的引入而带来的管理功能（如报警管理、历史记录等）的增强更是模拟控制器根本无法实现的。因此，在制冷空调自动控制的应用上，尤其在大中型空调系统的自动控制中，计算机控制已经占有主导地位。

计算机控制分为直接数字控制和集散型系统控制。

所谓直接数字控制是以微处理器为基础、不借助模拟仪表而将系统中的传感器或变送器的测量信号直接输入微型计算机中，经微型计算机按预先编制的程序计算处理后直接驱动执行器的控制方式，简称DDC（Direct Digital Control），这种计算机称为直接数字控制器，简称DDC控制器。DDC控制器中的中央处理器（Central Processing Unit，简称CPU）运行速度很快，并且其配置的输入输出端口（I/O）比较多。因此，它可以同时控制多个回路，相当于多个模拟控制器。DDC控制器具有体积小、连线少、功能齐全、安全可靠、性能价格比较高等特点。

集散型系统控制与过去传统的计算机控制方法相比，它的控制功能尽可能分散，管理功能尽可能集中。它是由中央站、分站、现场传感器与执行器三个基本层次组成。中央站和分站之间、各分站之间通过数据通信通道连接起来。分站就是上述以微处理器为核心的DDC控制器。它分散于整个系统各个被控设备的现场，并与现场的传感器及执行器等直接连接，实现对现场设备的检测与控制。中央站实现集中监控和管理功能，如集中监视、集中启停控制、集中参数修改、报警及记录处理等。可以看出，集散型系统控制的集中管理功能由中央站完成，而控制与调节功能由分站，即DDC控制器完成。

三、自动控制系统的性能及指标

（一）稳定性及指标

当有扰动作用（或给定值发生变化）时，输出量将会偏离原来的稳定值，这时由于反馈环节的作用，通过系统内部的自动调节，系统可能回到（或接近）原来的稳定值（或跟随给定值）稳定下来。但也可能由于内部的相互作用，使系统出现发散而处于不稳定状态。显然，不稳定系统无法进行工作。因此，对任何自动控制系统，首要的条件便是系统能稳定正常运行。

系统的稳定性指标主要用频域中的稳定裕量（增益裕量和相位裕量）来描述。

（二）稳态性能及指标

当系统从一个稳定状态过渡到新的稳定状态时，或系统受扰动作用又重新平衡后，系统可能会出现偏差，这种偏差称为稳态误差。系统稳态误差的大小反映了系统的稳态精度（或称静态精度），工程上一般称稳态精度为控制精度，是描述稳态性能高低的指标，是一个统计量。稳态精度表明了系统控制的准确程度。稳态误差越小，则系统的稳态精度越高。

事实上，对一个实际系统，要求系统的输出量丝毫不变地稳定在某一确定的数值上，往往办不到，要求稳态误差绝对等于零，也很难实现。因此，我们通常把系统的输出量一直保持在某个允许的足够小的误差范围（称为误差带）内，即认为系统已进入稳定运行状态。此误差带的数值可看作系统的稳态误差。此外，对一个实际的无静差系统，理论上它的稳态误差等于零，实际只是其稳态误差极小而已。

（三）动态性能及指标

由于系统的对象和元件通常都具有一定的惯性（如机械惯性、电磁惯性、热惯性等）及受能源功率的限制，系统中各种量值（加速度、位移、电流、温度等）的变化不可能是突变的。因此，系统从一个稳态过渡到新的稳态需要经历一段时间，即需要经历一个过渡过程。表征这个过渡过程性能的指标叫作动态性能指标。现在以系统对突加给定信号（阶跃信号）的动态响应来介绍动态性能指标。

第二节　自动控制系统的组成及控制方式

一、自动控制系统的组成

自动控制系统在无人直接参与下可使生产过程或其他过程按期望规律或预定程序进行的控制系统。自动控制系统是实现自动化的主要手段。按控制原理的不同，自动控制系统分为开环控制系统和闭环控制系统。

在开环控制系统中，系统输出只受输入的控制，控制精度和抑制干扰的特性都比较差。开环控制系统中，基于按时序进行逻辑控制的称为顺序控制系统，由顺序控制装置、检测元件、执行机构和被控工业对象所组成。主要应用于机械、化工、物料装卸运输等过程的控制以及机械手和生产自动线。

闭环控制系统是建立在反馈原理基础之上的，利用输出量同期望值的偏差对系统进行控制，可获得比较好的控制性能。闭环控制系统又称反馈控制系统。

为了达到自动控制的目的，由相互制约的各个部分，按一定的要求组成的具有一定功能的整体称为自动控制系统。它是由被控对象、传感器（及变送器）、控制器和执行器等组成。

从总体上看，自动控制系统的输入量有两个，即给定值和干扰，输出量有一个，即被控变量。因此，控制系统受到两种作用，即给定作用和干扰作用。系统的给定值决定系统被控变量的变化规律。干扰作用在实际系统中是难以避免的，而且它可以作用于系统中的任意部位。通常所说的系统的输入信号是指给定值信号，而系统的输出信号是指被控变量。输入给定值这一端称为系统的输入端，输出被控变量这一端称为输出端。

从信号传递的角度来说，自动控制系统是一个闭合的回路，所以称为闭环系统。其特点是自动控制系统的被控变量经过传感器又返回到系统的输入端，即存在反馈。显然，自动控制系统中的输入量与反馈量是相减的，即采用的是负反馈，这样才能将被控变量与给定值之差消除或减小，达到控制的目的。闭环系统根据反馈信号的数量分为单回路控制系统和多回路控制系统。

在自动控制系统中，被控对象的输出量即被控量是要求严格加以控制的物理量，它可以保持为某一恒定值，例如温度、压力或飞行轨迹等；而控制装置则是对被控对象施加控制作用的相关机构的总体，它可以采用不同的原理和方式对被控对象进行控制，但最基本的一种是基于反馈控制原理的反馈控制系统。

在反馈控制系统中，控制装置对被控装置施加的控制作用，是取自被控量的反馈信息，用来不断修正被控量和控制量之间的偏差，从而实现对被控量进行控制的任务，这就是反馈控制的原理。

（一）典型开环控制系统

步进电机被广泛应用到各种自动化设备中，是机电一体化的关键产品之一。如果没有特殊要求，步进电机一般采用开环控制。

1. 系统的控制任务

该系统的控制任务是控制负载的位移和运动速度，按照控制器给定的规律变化。负载的位移可以是角位移或线位移（如数控车床工作台移动的距离），运动速度可以是角速度或线速度（如数控机床工作台的移动速度）。

2. 系统的工作原理

控制器主要用来产生控制电机的脉冲指令信号，是指令的给定元件，步进电机驱动器的作用是对控制器发送过来的控制脉冲进行环形分配、功率放大，使步进电机绕组按一定顺序通电，控制电机转动，是指令的放大元件，放大后的环形脉冲驱动步进电机带动负载转动。因此，步进电机为执行元件，负载为控制对象，负载产生的角位移或线位移不被引入控制器中，不参与控制，一旦由于负载发生变化而产生误差，系统就无法纠正。将系统中的每个物理部件都用方框抽象表示，则可将步进电机控制系统的原理图转化为控制框图。

3. 开环控制系统的特点及应用场所

（1）优点：系统不设反馈元件，其优点是系统结构简单，稳定性好，成本较低。

（2）缺点：当系统受到扰动影响时，系统的输出量偏离希望值而产生误差，这个误差系统无法自动补偿。因此，开环控制系统抗干扰能力较差。一般开环控制系统的控制精度不是很高。如果采用高精度的部件，开环控制系统也可以达到较高的控制精度，但系统的成本将大幅升高。

（3）应用场所：当系统的输入量和输出量之间的关系固定，而且系统所受干扰的变化规律和量值已知，且能够采用补偿装置消除因干扰产生的误差时，则尽量用开环控制系统。因此，该系统适用于结构与参数稳定、干扰很弱或对被控量要求不高的场合，如家用电风扇的转速控制，自动洗衣机、包装机以及某些自动化流水线等。当干扰未知时，则尽量用闭环控制系统。

（二）典型闭环控制系统

电炉箱恒温控制系统就是一个典型的闭环控制系统，经常用于工业生产的过程控制。

1. 系统的控制任务

该系统的控制任务就是保持电炉箱内的温度恒定，确保工件的热处理质量。

2. 系统的工作原理

当炉壁散热和增、减工件时，会使炉内温度发生变化，温度的变化被热电偶传感器检测，并将温度转化为电压信号，这个电压就是反馈电压。反馈电压被热电偶反馈到系统的输入端，与系统的输入量（也被称为控制量，它由给定电位器给出）进行比较，产生偏差电压。由于采用负反馈控制，因此两者的极性相反，偏差电压经电压放大和功率放大后，驱动直流伺服电动机（控制电动机电枢电压），电动机经减速器带动调压变压器的滑动触头，来调节电炉丝两端的电压，进而改变炉温（系统的输出量或被控制量）。当炉温达到预定温度时，系统的输入电压和反馈电压相等，偏差电压为零或接近于零，电机停止转动，系统的调节过程结束，进入了稳定运行状态。由于有些工件进行热处理时，对温度要求较高，因此电炉箱恒温控制系统采用了闭环控制。

在电炉箱恒温控制系统中，热电偶是反馈元件，它将系统的输出量（温度）引入系统的输入端，使系统的输出量参与了控制，从而形成了一个闭环的控制回路。

3. 系统的调节过程

电炉箱恒温控制系统控制框图可分析系统的调节过程，当系统受到干扰（如炉门打开、环境温度变化、电网电压变化）时，电炉箱内的温度就会升高或降低。

4. 闭环控制的优缺点和应用场所

优点：闭环控制（或反馈控制）可以自动进行补偿系统输出量偏离预定值的偏差，这是闭环控制的一个突出的优点。

缺点：闭环控制要增加反馈、比较、调节器等部件，会使系统结构复杂、成本提高。而且闭环控制会带来副作用，使系统的稳定性变差，甚至造成不稳定，这是采用闭环控制时必须重视并要加以解决的问题。

应用场景：闭环控制系统应用于控制要求较高的场合，如跟踪系统、闭环直流调速系统、中央空调等。

（三）自动控制系统组成部分

下面以自动分拣系统为例，介绍一下自动控制系统各组成部分的主要功能。

自动分拣系统一般由自动控制和计算机管理系统、自动识别装置、分类机构、主输送装置、前处理设备及分拣道口组成。

1. 自动控制和计算机管理系统

自动控制和计算机管理系统是整个自动分拣系统的控制指挥中心。分拣系统的各部件的一切动作均由控制系统决定，其作用是识别、接收和处理分拣信号，根据分拣信号指示分类机构按一定的规则（如品种、地点等）对物料进行自动分类，从而决定物料的流向。

分拣信号来源可通过条形码扫描、色码扫描、键盘输入、质量检测、语音识别、高度检测及形状识别等方式获取，经信息处理后，转换成相应的拣货单、入库单或电子拣货信号，自动分拣作业。

自动控制系统的主要功能如下：

（1）接受分拣目的地地址，可由操作人员经键盘或按钮输入，或自动接收；

（2）控制进给台，使物料按分拣机的要求迅速准确地进入分拣机；

（3）控制分拣机的分拣动作，使物料在预定的分拣口迅速、准确地分离出来；

（4）完成分拣系统各种信号的检测、监控和安全保护。

计算机管理系统主要对分拣系统中的各种设备运行情况、数据进行记录、检测和统计，用于对分拣作业的管理及分拣作业和设备的综合评价与分析。

2. 自动识别装置

物料能够实现自动分拣的基础是系统能够对物料进行自动识别。在物流配送中心，广泛采用的自动识别系统是条形码系统和无线射频系统。条形码自动识别系统的光电扫描器安装在分拣机的不同位置，当物料在扫描器可见范围时，自动读取物料包装上的条码信息，经过译码软件即可翻译成条形码所表示的物料信息，同时感知物料在分拣机上的位置信息，这些信息自动传输到后台计算机管理系统。

3. 分类机构

分类机构是指将自动识别后的物料引入分拣机主输送线，然后通过分类机构把物料分流到指定的位置。分类机构是分拣系统的核心设备。分类的依据主要有：

（1）物料的形状、质量、特性等。

（2）用户、订单和目的地。

当计算机管理系统接收到自动识别系统传来的物料信息以后，经过系统分析处理，给物料产生一个目的位置，于是控制系统向分类机构发出控制指令，分类机构接受并执行控制系统发来的分拣指令并在恰当的时刻产生分拣动作，使物料进入相应的分拣道口。由于不同行业、不同部门对分拣系统的尺寸、质量、外形等要求都有很大的差别，对分拣方式、分拣速度、分拣口的数量等的要求也不尽相同，因此分类机构的种类很多，可根据实际情况，采用不同的前处理设备和分拣道口。

4. 主输送装置

主输送装置的作用是将物料输送到相应的分拣道口，以便进行后续作业，主要由各类输送机构成，又称主输送线。

5. 前处理设备

前处理设备是指分拣系统向主输送装置输送分拣物料的进给台及其他辅助性

的运输机和作业台等。进给台的功能有两个：一是操作人员利用输入装置，将各个分拣物料的目的地地址输入分拣系统，作为该物料的分拣作业指令；二是控制分拣物料进入主输送装置的时间和速度，保证分类机构能准确地进行分拣。

6.分拣道口

分拣道口也称分流输送线，是将物料脱离主输送线使之进入相应集货区的通道，一般由钢带、传送带、滚筒等组成滑道，使物料从输送装置滑向缓冲工作台，然后进行入库上架作业或配货作业。

上述主要部分在控制系统的统一控制下，分别完成不同的功能，各机构间协同作业，构成一个有机系统，完成物料的自动分拣过程。

二、自动控制系统的控制方式

为完成控制系统的分析和设计，首先必须对控制对象、控制系统结构有个明确的了解。一般可将控制方式分为两种基本形式：开环控制方式和闭环（反馈）控制方式。

（一）开环控制方式

开环控制方式是一种最简单的控制方式，在控制器和控制对象间只有正向控制作用，系统的输出量不会对控制器产生任何影响。在该系统中，对于每一个输入量，就有一个与之对应的工作状态和输出量，系统的精度仅取决于元器件的精度和特性调整的精度。这类系统结构简单，成本低，容易控制，但是控制精度低。因为如果在控制器或控制对象上存在干扰，或者由于控制器元器件老化，控制对象结构或参数发生变化，均会导致系统输出的不稳定，使输出值偏离预期值。因此，开环控制系统一般适用于干扰不强或可预测，控制精度要求不高的场合。

如果系统的给定输入与被控量之间的关系固定，且其内部参数或外来扰动的变化都较小，或这些扰动因素可以事先确定并能给予补偿，则采用开环控制也能取得较为满意的控制效果。

（二）闭环控制方式

如果在控制器和被控对象之间，不仅存在正向作用，而且存在着反向的作用，即系统的输出量对控制量具有直接的影响，那么这类控制称为闭环控制。将检测出来的输出量送回到系统的输入端，并与输入信号比较，称为反馈。因此，闭环控制又称为反馈控制。在这样的结构下，系统的控制器和控制对象共同构成了前向通道，而反馈装置构成了系统的反馈通道。

在控制系统中，反馈的概念非常重要。如果将反馈环节取得的实际输出信号加以处理，并在输入信号中减去这样的反馈量，再将结果输入控制器中去控制被控对象，我们称这样的反馈为负反馈；反之，若由输入量和反馈量相加作为控制器的输入，则称为正反馈。

在一个实际的控制系统中，具有正反馈形式的系统一般是不能改进系统性能的，而且容易使系统的性能变差，因此不被采用。而且有负反馈形式的系统，它通过自动修正偏离量，使系统趋向于给定值，并抑制系统回路中存在的内扰和外扰的影响，最终达到自动控制的目的。通常，反馈控制就是指负反馈控制。与开环系统比较，闭环控制系统的最大特点是检测偏差，纠正偏差。

从系统结构上看，闭环系统具有反向通道，即反馈。

从功能上看：

（1）由于增加了反馈通道，系统的控制精度得到了提高，若采用开环控制，要达到同样的精度，则需高精度的控制器，从而大大增加了成本。

（2）由于存在系统的反馈，可以较好地抑制系统各环节中可能存在的扰动和由于器件的老化而引起的结构和参数的不稳定性。

（3）反馈环节的存在，同时可较好地改善系统的动态性能。当然，如果引入不适当的反馈，如正反馈，或者参数选择不恰当，不仅达不到改善系统性能的目的，甚至会使一个稳定的系统变为不稳定的系统。

第三节　自动控制系统的分类

一、按给定信号的特征分类

按给定信号的特征来对自动控制系统进行分类是一种常见的分类方法。输入信号的变化会遵循一定的规则，依据这些规则可以将自动控制系统分成以下三类。

（一）恒值控制系统

恒值控制系统是自动调节系统的别称，之所以称其为"恒值"，是因为此类系统的输入信号是一个常数。当输入信号受到干扰时，可能会导致系统的数值发生微小的改变，从而产生差错，而应用恒值控制系统可以自动对输入信号进行调控操作，使数值精确地恢复到期望值。如果由于结构原因不能完全恢复到期望值时，则误差应不超过规定的范围。例如，锅炉液位控制系统就是一种恒值控制系统。

（二）程序控制系统

程序控制系统会预先设置一个时间函数，其输入信号会随着已知的时间函数而变化。换言之，程序控制系统的设定值会按预先设定的程序发生变化。总的来说，这类系统普遍应用于间歇生产过程，如进行热处理温度调控时的升温、降温、保温等，都是根据预先设定的程序进行调控的。

（三）随动系统

随动系统又称"伺服系统"，所谓伺服就是输入信号是时间的未知函数，即随时间随意改变的函数。随动系统的任务是使数值高精度跟随给定数值的变化而变化，而且使其不受其他因素的干扰。简而言之，随动系统是使物体的位置、方位、状态等输出被控量能够跟随输入目标（或给定值）的任意变化而变化的自动控制系统。总的来说，随动系统多应用于自动化武器方面，如导弹的制导作用及炮瞄雷达的自行追踪系统，还应用在数控切割机、船舶随动舵、仪表工业中的各种自动记录设备等民用工业领域。

二、按信号传递的连续性分类

（一）连续系统

连续系统中各元件的输入信号和输出信号都是时间的连续函数，其运动规律需要借助微分方程来描述。连续信号是时间的连续函数，可以分为两种：一种是模拟信号，即时间和幅度都连续的信号，呈现为一段光滑的曲线；另一种是幅度量化信号，即时间连续且幅度量化的信号，呈现为一段阶跃或阶梯形的曲线。

连续系统中各元件传输的信息在工程上称为模拟量，实际生活中大多数物理系统都属于连续系统。

（二）离散系统

只要控制系统中有一处信号是脉冲序列或数码信号，该系统就为离散系统。离散系统的状态和性能一般用差分方程来描述。离散信号是时间量化或离散化的信号，可以分为两种：一种是采样信号，即时间离散而幅度连续的信号，其代表信息的特征量可以在任意瞬间呈现为任意数值的信号，同时其信号的幅度、频率和相位会随时间做连续变化；另一种是数字信号，即时间和幅度都量化的信号，其幅值表示被限制在有限个数值之内。

在实际的电气自动化控制系统中，离散信号并不多见，连续信号更为普遍。为了便于统计和计算，人们通常会将连续信号离散化，即使用差分方程将连续的模拟量分为脉冲序列，这就是采样过程，而完成这一过程的系统就是离散系统，如数字控制系统。

三、按输入与输出信号的数量分类

（一）单变量系统

单变量系统（Single Input Single Output，简称SISO）是在不考虑系统内部的通路与结构，仅从系统外部变量的描述分类时，有一个输入量和一个输出量的系统。也就是说，单变量系统中给定的输入量是单一的，响应也是单一的。但是，此类系统内部的结构回路可以是多回路的，内部变量也可以是多种形式的。

（二）多变量系统

多变量系统（Multiple Input Multiple Output，简称MIMO）有多个输入量和多个输出量，其特点是变量多、回路多，而且相互之间呈现多路耦合，因而其研究难度比单变量系统的研究难度要大得多。

四、按系统中的参数对时间的变化情况分类

（一）定常系统

定常系统又称时不变系统，其特点是系统的全部参数不随时间变化，它用定常微分方程来描述（系统的微分方程的系数不随时间改变）。在实践中遇到的系统，大多（或基本）属于这一类。

（二）时变系统

时变系统的特点是系统中有些参数是时间的函数，它随时间变化而改变。例如宇宙飞船控制系统，就是时变控制系统的一个例子，飞行过程中，飞船内燃料质量、飞船受的重力等都随时间发生变化。

当然，除了以上的分类方法外，还可以根据其他条件进行分类。本书只讨论线性定常的自动控制系统。

第四节　自动控制系统的典型应用

　　自动控制系统已被广泛应用于人类社会的各个领域。在工业方面，对于冶金、化工、机械制造等生产过程中遇到的各种物理量，包括温度、流量、压力、厚度、张力、速度、位置、频率、相位等，都有相应的控制系统。在此基础上，通过采用数字计算机还建立起了控制性能更好和自动化程度更高的数字控制系统，以及具有控制与管理双重功能的过程控制系统。在农业方面的应用包括水位自动控制系统、农业机械的自动操作系统等。

　　在军事技术方面，自动控制的应用实例有各种类型的伺服系统、火力控制系统、制导与控制系统等。在航天、航空和航海方面，除了各种形式的控制系统外，应用的领域还包括导航系统、遥控系统和各种仿真器。

　　此外，在办公室自动化、图书管理、交通管理乃至日常家务方面，自动控制技术也都有着实际的应用。随着控制理论和控制技术的发展，自动控制系统的应用领域还在不断扩大，几乎涉及生物、医学、生态、经济、社会等各个领域。

　　自动控制系统的典型应用有蒸汽机转速自动控制系统、水温控制系统、刀具跟随系统。

一、蒸汽机转速自动控制系统

　　蒸汽机转速自动控制系统工作原理如下：蒸汽机带动负载运转时，会使用圆锥齿轮带起一个飞锤进行水平旋转。飞锤通过铰链可引起套筒上下滑动，套筒里安装了用于平衡的弹簧，套筒上下滑动时会带动杠杆，杠杆另一端通过连杆调整供气阀门的打开程度。当蒸汽机正常使用时，飞锤旋转所产生的离心力与弹簧的反弹力度持平，套筒会停留在某一高度，此时阀门呈现恒定状态。

　　如果蒸汽机的负载增加致使转速减慢，那么飞锤的离心力会变小，致使套筒向下滑，借助杠杆原理会使供气阀门开度更大，这样一来，蒸汽机内会产生较多的蒸汽，推动转速升高。同理，如果蒸汽机的负载变小致使转速升高，那么飞锤的离心力会加大，致使套筒向上滑，杠杆原理会使供气阀门开度变小。这样一来，蒸汽机内的蒸汽量会缩减，其转速自然会下降。由此可见，离心调速器能够控制负载变化对转速的影响，使蒸汽机的转速基本维持在期望值之内。

综上所述，蒸汽机转速自动控制系统的被控制对象是蒸汽机，被控量是蒸汽机的转速。离心调速装置感受转速大小并转化成为套筒的位移量，然后经杠杆作用控制供气阀门的开闭，从而使蒸汽机的转速得到调控，由此形成一个闭环自动控制系统。此外，离心调速器不仅用于蒸汽机的控速，还经常用于水力发电站的水力透平机的调控。

二、水温控制系统

冷水在热交换器中由通入的蒸汽加热，从而使水温上升变为热水。在此过程中，冷水流量的变化用流量计来测量。下面简要阐述水温控制系统是如何保持水温恒定的。

水温控制系统的工作原理如下：由温度传感器不断测量交换器出口处的实际水温，并在温度控制器中将实测温度与给定温度相比较。若实测温度低于给定温度，其偏差值会使蒸汽阀门开大，进入热交换器的蒸汽量就会增多，从而使水温升高，直至偏差为零；若实测温度高于给定温度，其偏差值会使蒸汽阀门关小，进入热交换器的蒸汽量就会减少，从而使水温降低，直至偏差为零。如果冷水流量突然加大，其流量值由流量计测得，水温控制系统会通过温度控制器开大阀门，以增加蒸汽量，实现冷水流量的顺馈补偿，从而保证热交换器出口的水温不会发生大的波动，即控制水温恒定。

整体来看，在水温控制系统中，热交换器是被控对象；实际水温为被控量；给定值是在温度控制器中设定的给定温度；冷水流量是干扰量。

三、刀具跟随系统

在现代社会中，工厂加工设备基本实现了自动化运行。以刀具生产线为例，其生产过程几乎全部为机器自动化生产，大大减轻了工人的工作量，提升了工厂的生产率。之所以能够实现刀具的自动化生产，是因为刀具生产线特别是刀头生产线安装了刀具跟随系统。

刀具跟随系统的工作原理为：首先，将模板和原料放在工作台上，并将其固定好；其次，跟随控制器会下达命令，使X轴、Y轴直流伺服系统带动工作台运转，而模板会随着工作台一同移动，在这一过程中，触针会在模板表面滑动，同时跟随刀具中的位移传感器会将触针感应到的反映模板表面形状的位移信号发送给跟随控制器；最后，跟随控制器的输出驱动（Z轴）直流伺服马达会带动切削刀具连同刀具架跟随触针运动，而当刀具位置与触针位置一致时，两者位置偏差为0，Z轴伺服马达就会停止，最终原料被切割为模板的形状。

整体来看，在刀具跟随系统中，刀具是被控对象；刀具位置是被控量；由模板确定的触针位置是给定值。

四、谷物湿度控制系统

"民以食为天"，人类的生存离不开粮食。在现代社会中，机器生产已经替代了传统的手工生产，形成了较稳定的谷物磨粉生产线。以北方人民常吃的小麦为例，小麦先磨成面粉，再经过精加工，就成为人们食用的普通面粉了。其中，关系到面粉质量的最为关键的环节就是给小麦添加一定的水分，使其保持一定的湿度，从而使同等质量的小麦产生更多的面粉，且提高面粉的质量。这一过程中就需要用到谷物湿度控制系统。实际上，谷物湿度控制系统是一个按干扰补偿的复合控制系统。

谷物湿度控制系统的工作原理如下：传送装置将谷物按一定流量通过加水点，加水量由自动阀门进行控制。若输入湿度低于给定湿度，两者存在的偏差值会通过调节器调大阀门，使得传送装置上的谷物接受更多的水分，从而提高谷物湿度，直至偏差为零；若输入湿度高于给定湿度，两者存在的偏差值会通过调节器关小阀门，使得传送装置上的谷物不再接受更多的水分，从而降低谷物湿度，直至偏差为零。为了提高控制的精准度，谷物湿度控制系统还采用了谷物湿度的顺馈控制。这样一来，输出谷物湿度会通过湿度传感器反馈到调节器处，谷物湿度控制系统会通过调节阀门大小来调节水量，实现谷物湿度的顺馈补偿，从而控制谷物维持一定的湿度。

整体来看，在谷物湿度控制系统中，传送装置是被控对象；输出谷物湿度是被控量；给定谷物湿度是给定值；谷物流量、加水前的谷物湿度以及水压都是干扰量。

五、张力控制系统

在生产产品的过程中，为保证输送带上的货物不堆积或输送带不被拉断，常常需要配备一个张力控制系统。输送带左边的设备摆放采用的是速度反馈控制（以下简称"左分部"），输送带右边的设备摆放采用的是速度前馈控制和张力反馈控制（以下简称"右分部"），两个分部结合起来共同构成了一个完整的张力控制系统，即内外双闭环控制系统。其中，速度环是内环，张力环是外环。

张力控制系统的工作原理如下：当给定速度发生变化时，左分部和右分部会同时接收到一个信号，并在测速反馈的作用下，两个分部的转速会跟随指令发生变化。然而，由于左分部和右分部的参数和性能等方面必然存在差异，使得两个分部的变化不可能做到绝对的同步，即两者必然产生一定的差值。而在张力控制系统中，这一差值会逐渐积累并被右分部的张力测量环节测得（得到实测张力），并做出相应的反馈。当实测张力小于设定值时，右分部会适当增加速度；当实测张力大于设定值时，右分部会减慢速度。这样一来，张力控制系统可以确保两个分部转速之间产生的偏差影响不会被累加起来，从而确保两个分部的平均速度是相等的。

六、摄像机角位置自动跟踪系统

自动跟踪系统的目标常常是以一定速度和加速度运动的个体、车辆、飞机、轮船、导弹和人造卫星等。这一系统可提供跟踪目标的空间定位、行为和性能，是一种多功能、高精度的跟踪和测量方式。虽然根据跟踪目标的不同，自动跟踪系统的命名和组成略有差别，但其实质上都是由位置传感器、信号处理系统、伺服系统和跟踪架等部分组成。这里分析的摄像机角位置自动跟踪系统是一种使摄像机自动跟随光点显示器指示方向拍摄所需内容的系统，常用于报告厅、宴会厅的追光设备中。

第五节 自动控制系统的校正

在农业、工业、国防和交通运输等领域，通常都会应用到自动控制系统。自动控制系统的运行不需要操控者参与其中，只需要相关人员对一些机器设备安装控制装置，使其能够自动调控生产过程、目标要求、工艺参数，并依照预先设定的程序完成任务指标即可。实际上，产品的质量、成本、产量、预期计划、劳动条件等任务的预期完成都离不开一个精准的自动控制系统。正因为如此，人们越发注重自动控制系统的应用，控制技术和控制理论的发展空间因此变得更加广阔。

一、自动控制系统开环频率特性分析

（一）低频特性

自动控制系统的准确性是自动控制系统在稳态情况下所达到的精准程度。其中，稳态情况是指系统波动微小或者系统处于平静状态。因此，系统低频状况下体现出来的性能就是准确性。然而，在实际的精度评定中，系统的稳态情况并不相同。

（二）中频特性

由伯德图可知，自动控制系统的工作频率就是系统开环幅频特性曲线穿过零分贝时的频率，不同的自动控制系统有其固定的工作频率，输入值的变化不会对其造成任何影响。由此可见，测定的系统工作频率具有重要的意义。研究表明，由穿越零分贝时的相对裕量为30°～60°是较为适宜的，此时穿越的斜率会在−20dB时得以确保。通过判定这两项指标是否满足就可以确定系统的稳定性能，相对裕量越大，则证明其性能越好。

（三）高频特性

自动控制系统的开环幅频特性穿越零分贝以后，其相频特性接近或穿越180° 时，此时与之相对应的幅频特性值达到–6～–10dB，此时自动控制系统较为合理。人们通常认为自动控制系统的频率越快越好，事实却并非如此，这是因为频率还会受到自动控制系统性能的影响。当确定自动控制系统的工作频率后，其快速性也就得到了确定，对系统强制性迅速反应的要求会导致系统的性能劣化，甚至会使系统产生振荡状态。

二、控制系统校正的基本概念

（一）控制系统校正的一般概念

在控制工程中对自动控制系统提出的工作任务、技术要求、经济性要求、可靠性要求等均归结为控制系统的性能指标，设计系统时根据性能指标首先进行系统的初步综合。由于控制系统中的被控对象往往是确定不变的，并且测量反馈元件、比较元件、放大元件、执行元件中除放大元件的放大系数可作适当调整外，其他元件的参数基本上是固定不变的，因此被称为系统的固有部分或不可变部分。大多数情况下，仅由系统固有部分组成的反馈控制系统，其动态、稳态性能较差，不能满足系统性能指标要求，甚至不稳定，不能正常工作，因此在设计系统时就必须在系统固有部分的基础之上添加新的环节，使其满足性能指标要求。这种为改善系统的稳定性、动态性能和稳态性能而引入的新装置，称为校正装置。

系统的校正工作主要是根据设计要求选择校正方式，确定校正装置的类型，计算具体的参数，使加入校正装置后的系统有让人满意的性能。校正装置的类型可根据系统的具体要求分别选用电子、电气、机械、气动、液压等器件。

（二）控制系统校正的方法

经典控制系统校正的方法大致有三种：其一为时域法，其二为根轨迹法，其三为频域法（也称频率法）。这些校正方法的实质均是在系统中引入新的环节，改变系统的传递函数（时域法），改变系统的零极点分布（根轨迹法），改变系统的开环伯德图形状（频域法），从而使系统达到让人满意的性能。

频域法主要是应用系统的开环特性来研究系统的闭环特性。它的基本做法是利用恰当的校正装置，配合开环增益的调整，来修改原有的开环伯德图，使得校正后的开环伯德图符合闭环系统性能指标的要求。

（三）控制系统校正的方式

按照校正装备在自动调控系统中所处的地点进行划分，校正可分为串联校正、反馈校正、顺馈补偿校正三种方式。

1. 串联校正

串联校正就是将校正装置串联在自动调控系统固定部分的前向通道中。在串联校正中，为了降低校正装置的功率，使校正装置更为简单，通常将串联校正装置安置在前向通道中功率等级最低的位置。

2. 反馈校正

反馈校正的基本原理是：未被校正的自动调控系统中有阻碍动态性能优化的环节，反馈校正装置将未校正系统包围，从而形成一个局部的反馈回路，在局部反馈回路的开环幅值远大于1的情况下，局部反馈回路的特征主要由反馈校正装置决定，与包围环节没有关系。为了使自动调控系统的性能满足要求，就要选取合适的反馈校正装备的参数和方式。反馈校正不仅可以取得串联校正所能达到的效果，还具有许多串联校正所不具备的效果。

3. 顺馈补偿校正

基于反馈控制而引进输入补偿构成的校正方式叫作顺馈补偿校正，其有以下两种运行方式：一是引进指定的输入信号补偿，二是引进干涉输入信号补偿。给定扰动输入信号和给定输入信号由校正装置直接或者间接给出，经过恰当的转换后，以附加校正信号的方式输入自动调控系统中，此时系统要对可测干扰进行干扰补偿，从而减少或抵消干扰，提高自动调控系统的精确度。

综上所述，串联校正是一种比较直观、实用的校正方式，它能对自动调控系统的性能及结构进行优化，但是它不能消除系统部件参数变化对系统性能的影响。被包围的参数、性能都可以由反馈校正进行改变，反馈校正的这一功能不仅能抑制部件参数变化，而且能减少内、外扰动对系统性能的干扰，有时还可以代替局部环节。顺馈补偿校正是在自动调控系统的反馈控制回路中加入前馈补偿。需要注意的是，只要进行合理的参数选取，就能够使系统平稳运行，使稳态差错出现的次数减少甚至消除差错。但是，顺馈补偿校正要适当，否则会引起振荡。

在控制系统设计中，常用的校正方式为串联校正和反馈校正两种。究竟选用哪种校正方式，取决于系统中的信号的性质、技术实现的便利性、可供选用的元件、抗干扰性要求、经济性要求、环境使用条件，以及设计者的经验等因素。

一般来说，串联校正设计比反馈校正设计简单，也比较容易对信号进行各种必要形式的变换。但需注意负载效应的影响。

在直流控制系统中，由于传递直流电压信号，适于采用串联校正；在交流载波控制系统中，如果采用串联校正，一般应接在解调器和滤波器之后，否则由于参数变化和载频漂移，校正装置的工作稳定性很差。串联校正装置又分无源和有源两类。无源串联校正装置通常由远程连接无源网络构成，结构简单、成本低廉，但会使信号在变换过程中产生幅值衰减，且其输入阻抗较低，输出阻抗又较高，因此常常需要附加放大器，以补偿其幅值衰减，并进行阻抗匹配。为了避免功率损耗，无源串联校正装置通常安置在前向通路中能量较低的部位上。有源串联校正装置由运算放大器和远程连接网络组成，其参数可以根据需要调整。在工业自动化设备中，经常采用由有源电动（或气动）单元构成的比例—积分—微分控制器或称PID调节器（Proportion，Integration，Differentiation），它由比例单元、积分单元和微分单元组合而成，可以实现各种要求的控制规律。

在实际控制系统中，也广泛采用局部反馈校正装置。一般来说，局部反馈校正所需元件数目比串联校正少。由于反馈信号通常由系统输出端或放大器输出级供给，信号是从高功率点传向低功率点，因此局部反馈校正一般无须附加放大器。此外，局部反馈校正可消除系统原有部分参数波动对系统性能的影响。在性能指标要求较高的控制系统设计中，常常兼用串联校正与局部反馈校正两种方式。

对系统的校正可以采取上述几种方式中的任一种，也可以在系统中同时采取多种方式。例如，飞行模拟转台的框架随动系统，它对快速性、平稳性及精度的要求都很高。为了达到这一要求，通常采用串联校正、反馈校正以及对控制作用的前置校正。

（四）控制系统指标的确定

进行控制系统的校正设计，除了应已知系统不可变部分的特性与参数外，还需要已知对系统提出的全部性能指标。性能指标通常是由使用单位或被控对象的设计制造单位提出的。不同的控制系统对性能指标的要求应有不同的侧重。例如，调速系统对平稳性和稳定精度要求较高，而随动系统则侧重于快速性要求。

性能指标的提出，应符合实际系统的需要与可能。一般来说，性能指标不应当比完成给定任务所需要的指标更高。例如，若系统的主要要求是具备较高的稳态工作精度，则不必对系统的动态性能提出过高的要求。实际系统能具备的各种性能指标，会受到组成元部件的固有误差、非线性特性、能源的功率以及机械强度等各种实际物理条件的制约。如果要求控制系统应具备较快的响应速度，则应考虑系统能够提供的最大速度和加速度，以及系统容许的强度极限。除了一般性指标外，具体系统往往还有一些特殊要求，如低速平稳性、对变载荷的适应性等，也必须在系统设计时分别加以考虑。

在控制系统设计中，采用的设计方法一般依据性能指标的形式而定。如果性能指标以单位阶跃响应的峰值时间、调节时间、超调量、阻尼比、稳态误差等时域特征量给出时，可采用时域法或根轨迹法校正；如果性能指标以系统的相角裕度、幅值裕度、谐振裕度、闭环带宽、稳态误差系数等频域特征量给出时，一般采用频率法校正。时域法与频域法是两种常用的方法，其性能指标可以互换。

（五）校正装置

在自动调控系统中，校正装置可分为有源校正设备和无源校正设备，划分依据是校正设备自身是否配备电源。

无源校正装置通常是由电阻和电容构成的端口网络。根据频率的不同，可以将其分为相位滞后校正、相位超前校正、相位滞后—超前校正。

无源校正设备的组合非常方便，并且线路简易，不需要外接电源，但是该设备自身没有增益，只有缩减；且输入阻抗低，输出阻抗较高。因此，使用这一设备时，必须添加放大器或者隔离放大器。

有源校正设备是由运算放大器构成的调节器。由于有源校正设备自身具有增益性，并且输出阻抗低，输入阻抗高，因此应用范围更广。但是，有源校正设备的不足是必须外接电源。

第三章　电力系统

第一节　电力系统构成

　　电力系统的主体结构有电源（水力、火力、原子能等发电厂），变电站（升压变电站、负荷中心变电站等），输电、配电线路和负荷中心。发电厂把各种形式的能量转换成电能，电能经过变压器和不同电压等级的输电线路输送并被分配给用户，再通过各种用电设备转换成适合用户需要的能量。这些生产、输送、分配和消费电能的各种电气设备连接在一起而组成的整体称为电力系统。电力系统中输送和分配电能的部分称为电网，它包括升、降压变压器和各种电压等级的输电线路。另外，在电力系统运行与控制中，还有其必不可少的二次系统，二次系统由各种检测设备、通信设备、安全保护装置、自动控制装置以及监控自动化、调度自动化系统组成。电力系统的结构应保证在先进的技术装备和高经济效益的基础上，实现电能生产与消费的合理协调。

　　电力系统再加上它的动力部分可称为动力系统。换言之，动力系统是指"电力系统"与"动力部分"的总和。电网是电力系统的一个组成部分，而电力系统又是动力系统的一个组成部分。

　　在交流电力系统中，发电机、变压器、输配电设备都是三相的，这些设备之间的连线状况，可以用电力系统接线图来表示。

　　电力系统一次系统主要分为三个部分。

一、发电厂

发电厂的作用是生产电能，它将其他形式的一次能源经发电设备转换为电能。发电厂根据利用的能源不同可分为火力发电厂、水力发电厂、原子能发电厂以及利用其他能源（如地热、风力、太阳能、石油、天然气、潮汐能等）的发电厂。目前，在我国大型电力系统中占主要地位的是火力发电厂，其次是水力和原子能发电厂。

为了充分、合理地利用动力资源，缩短燃料的运输距离，降低发电成本，火力发电厂一般建设在燃料产地，而水力发电厂只能建在有水力资源的地方。因此，发电厂往往远离城市和企业等用电中心地区，故必须进行远距离输电。

二、输配电系统

电能的输送和分配是由输配电系统完成的。输配电系统又称电网，它包括电能传输过程中途经的所有变电站、配电站中的电气设备和各种不同电压等级的电力线路。实践证明，输送的电力越大，输电距离越远，选用的输电电压也越高，这样才能保证在输送过程中的电能损耗越少。但从用电的角度考虑，为了用电安全和降低用电设备的制造成本，则希望电压低一些。因此，一般发电厂发出的电能都要经过升压，然后由输电线路送到用电区，再经过降压后分配给用户使用，即采用高压输电、低压配电的方式。变电站就是完成这种任务的场所。

在发电厂设置升压变电站将电压升高，以利于远距离输送；在用电区则设置降压变电站将电压降低，以供用户使用。

降压变电站内装设有受电、变电和配电设备，其作用是接收输送来的高压电能，经过降压后将低压电能进行分配。而对于低压供电的用户，只需再设置低压配电站。配电站内不设置变压器，它只能接受电能和分配电能。

三、电力用户

电力系统的用户也称为用电负荷，可分为工业用户、农业用户、公共事业用户和人民生活用户等。根据用户对供电可靠性的不同要求，目前我国将用电负荷分为三级。

（一）一级负荷

对这一级负荷中断供电会造成人身伤亡事故，或造成工业生产中关键设备难以修复的损坏，以致生产秩序长期不能恢复正常，造成国民经济的重大损失，或使市政生活的重要部门发生混乱等。

（二）二级负荷

对这一级负荷中断供电将引起大量减产，造成较大的经济损失，或使城市大量居民的正常生活受到影响等。

（三）三级负荷

对这一级负荷的短时中断供电不会造成重大的损失。

对于不同等级的用电负荷，应根据其具体情况，采取适当的技术措施来满足它们对供电可靠性的要求。一级负荷要求供电系统必须有备用电源。当工作电源出现故障时，由保护装置自动切除故障电源，同时由自动装置将备用电源自动投入或由值班人员手动投入，以保证对重要负荷连续供电。如果一级负荷不大时，可采用自备发电机等设备，作为备用电源。对于二级负荷，应由双回路供电；当采用双回路有困难时，则允许采用专用架空线供电。对于三级负荷，通常采用一组电源供电。

由于自然资源分布与经济发展水平等条件限制，电源点与负荷中心多处于不同地区。由于电能目前还无法大量储存，输电过程本质上又是以光速进行，电能生产必须时刻保持与消费平衡。因此，电能的集中开发与分散使用，以及电能的连续供应与负荷的随机变化，就成为制约电力系统结构和运行的根本因素。

第二节　电力系统的基本概念

一、电力系统的运行特点

任何一个系统都有它自己独有的特征，电力系统的运行和其他工业系统相比，具有如下明显的特点。

（一）电能不能大量储存

电能的产生、输送、分配、消费和使用实际上是同时进行的。每时每刻系统中发电机发出的电能都等于该时刻用户使用的电能，再加上传输这些电能时，在电网中损耗的电能。这个产销平衡关系是电能生产的最大特点。

（二）过渡过程非常迅速

电能的传输近似于光的速度，以电磁波的形式传播，传播速度为30万km/s，"快"是它的一个最大特点，如电能从一处输送至另一处所需要的时间仅千分之几秒，电力系统从一种运行状态过渡到另一种运行状态的过程也非常快。

（三）与国民经济各部门密切相关

现代工业、农业、国防、交通运输业等都广泛使用着电能。此外，在人民日常生活中也广泛使用着各种电器，而且各行业的电气化程度越来越高。因此，电能供应的中断或不足，不仅直接影响各行业的生产，造成人民生活紊乱，而且在某些情况下甚至会造成政治上的损失或极其严重的社会性灾难。

（四）对电能质量的要求颇为严格

电能质量的好坏是指电源电压的大小、频率和波形能否满足要求。电压的大小、频率偏离要求值过多或波形因谐波污染严重而不能保持正弦，都可能导致产生废品、损坏设备，甚至大面积停电。因此，对电压大小、频率的偏移以及谐波分量都有一定限额。而且，由于系统工况时刻变化，这些偏移量和谐波分量是否总在限额之内，需经常监测，要求颇严。

由于这些特点的存在，对电力系统的运行提出了严格要求。

二、对电力系统运行的基本要求

评价电力系统的性能指标是安全可靠性、电能质量和经济性能。根据电力系统运行的特点，电力系统应满足以下三点基本要求。

（一）保证安全可靠地持续供电

电力系统运行首先要满足安全可靠地持续供电的要求。虽然保证安全可靠地持续断地供电是电力系统运行的首要任务，但并不是所有负荷都绝对不能停电。一般可按负荷对供电可靠性的要求将负荷分为三级，运行人员根据各种负荷的重要程度不同，区别对待。

通常对一级负荷要保证不间断供电。对二级负荷，如有可能也要保证不间断供电。当系统中出现供电不足时，三级负荷可以短时断电。

（二）保证良好的电能质量

如上所述，电能质量包括电压质量、频率质量和波形质量三个方面。电压质量和频率质量一般都以偏移是否超过给定值来衡量。例如，给定的允许电压偏移为额定值的 ±5%，给定的允许频率偏移为 ±（0.2 ~ 0.5）Hz等。波形质量则以畸变率是否超过给定值来衡量。所谓畸变率（或正弦波形畸变率），是指各次谐波有效值平方和的方根值与基波有效值的百分比。给定的允许畸变率常因供电电压等级而异，例如，以380V、220V供电时，畸变率为5%，以10kV供电时，畸变率为4%，等等。所有这些质量指标，都必须采取一切手段予以保证。

对电压和频率质量的保证，我国电力工业部门多年来早有要求，并已将其作为考核电力系统运行质量的重要内容之一。在当前条件下，为保证这些质量指标，必须做到大量增加系统有功功率、无功功率的电源，充分发挥现有电源的作用，合理调配用电、节约用电，不断提高系统的自动化程度等。

在我国，对波形质量的要求是在系统中谐波污染日益严重的情况下才开始为人注意的，有关规定还有待完善。所谓保证波形质量，就是指限制系统中电流、电压的谐波，而其关键则是在于限制各种换流装置、电热电炉等非线性负荷向系统注入的谐波电流。至于限制这类谐波电流的方法，则有更改换流装置的设计、装设无源滤波器或者有源电力滤波器、限制不符合要求的非线性负荷的接入等。

（三）努力提高电力系统运行的经济性

电力系统运行的经济性主要反映在降低发电厂的能源消耗、厂用电率和电网的电能损耗等指标上。

电能所损耗的能源在国民经济能源的总消耗中占的比重很大。要使电能在生产、输送和分配的过程中耗能小、效率高，最大限度地降低电能成本有着十分重要的意义。

三、电力系统的中性点接地方式

电力系统的中性点一般指星形连接的变压器或发电机的中性点。这些中性点的运行方式很复杂，它关系到绝缘水平、通信干扰、接地保护方式、电压等级、系统接线等很多方面。我国电力系统目前所采用的接地方式主要有三种，即不接地、经消弧线圈接地和直接接地。一般电压在35kV及其以下的中性点不接地或经消弧线圈接地，称小电流接地方式；电压在110kV及其以上的中性点直接接地，称大电流接地方式。

（一）不接地方式

在中性点不接地的三相系统中，当一相接地后，中性点电压不为零，中性点发生位移，对地相电压发生不对称，但线与线之间的电压仍是对称的。所以，发生单相接地后，整个线路仍能继续运行一段时间。可见，单相接地时，通过接地点的电容电流为未接地时每一相对地电容电流的3倍。如果故障处短路电流很大，在接地点会产生电弧。

中性点不接地的三相系统中，当一相发生接地时，结果如下：

（1）未接地两相对地电压升高到相电压的$\sqrt{3}$倍，即等于线电压，所以在这种系统中，相对地的绝缘水平应根据线电压来设计。

（2）各相间的电压大小和相位仍然不变，三相系统的平衡没有遭到破坏，因此可以继续运行一段时间，这便是不接地系统的最大优点，但不允许长时间接地运行，一相接地系统允许继续运行的时间最多不得超过2小时。

（3）接地点通过的电流为容性电流，其大小为原来相对地电容电流的3倍。这种电容电流不易熄灭，可能在接地点引起"弧光接地"，周期性地熄灭和重新发生电弧。"弧光接地"的持续间歇电弧很危险，可能引起线路的谐振现象而产生过电压，损坏电气设备或发展成为相间短路。

（二）中性点经消弧线圈接地

前述中性点不接地的三相系统发生单相接地故障时，虽然可以继续供电，但在单相接地的故障电流较大时，如35kV系统大于10A，10kV系统大于30A时，却不能继续供电。为了防止单相接地时产生电弧，尤其是间歇电弧，则出现了经消弧线圈接地方式，即在变压器或发电机的中性点接入消弧线圈，以减小接地电流。

消弧线圈是一个具有铁心的可调电感线圈。在短路回路中，电感电流可以和容性电流互相补偿，或是完全抵消，或使接地处的电容电流有所减小，易于切断，从而消除了接地处的电弧以及由它所产生的危害，使系统仍能继续运行。

这种补偿又可分为全补偿、欠补偿和过补偿。电感电流等于电容电流，接地处的电流为零，此种情况为全补偿；电感电流小于电容电流为欠补偿；电感电流大于电容电流为过补偿。从理论上讲，采用全补偿可使接地电流为零，但因采用全补偿时，感抗等于容抗，系统有可能发生串联谐振，谐振电流若很大，将在消弧线圈上形成很大的电压降，使中性点对地电位大大升高，可能使设备绝缘损坏，因此一般不采用全补偿。

（三）中性点经小电阻接地

对于有些发展很快的城市配电网，由于中心区大量敷设电缆，单相接地电容电流增长较快，虽然装了消弧线圈，但由于电容电流较大，且运行方式经常变化，消弧线圈调整困难。另外，由于使用了一部分绝缘水平低的电缆，为了降低过电压水平，减小相间故障可能性，配电网中性点采用经小电阻接地方式。

这种方式就是在中性点与大地之间接入一定阻值的电阻。该电阻与系统对地电容构成并联回路，由于电阻是耗能元件，也是电容电荷释放元件和谐振的阻压元件，对防止谐振过电压和间歇性电弧过电压保护有一定优越性。在中性点经电阻接地方式中，一般选择电阻的阻值很小。在系统单相接地时，控制流过接地点的电流在500A左右，也有控制在1000A左右的，通过流过接地点的电流来启动零序保护动作，切除故障线路。

采用中性点经小电阻接地，在大多数情况下可使单相接地工频电压升高的值降低到1.4pμ左右。从限制弧光接地过电压考虑，在电弧点燃到熄灭过程中，系统所积累的多余电荷在熄灭后半个工频周期内能够通过小电阻泄漏，过电压幅值就会明显下降。

中性点经小电阻接地，可以消除中性点不接地和消弧线圈接地系统的缺点，即降低了瞬态过电压幅值，并使灵敏而有选择性的故障定位的接地保护得以实现；缺点是因接地故障入地电流I=100～1000A，中性点电位升高比中性点不接地、消弧线圈接地系统都要高，另外接地故障线路迅速切除，间断供电。

（四）中性点直接接地

对于电压在110kV及以上的电网，由于电压较高，则要求的绝缘水平就高。若中性点不接地，当发生接地故障时，其相电压升高$\sqrt{3}$倍，达到线电压，对设备的影响很大，需要的绝缘水平更高。为了节省绝缘费用保证其经济性，又要防止单相接地时产生间歇电弧过电压，通常就将系统的中性点直接接地，也可经电抗器接地。

当中性点接地系统发生单相接地时，故障相由接地点通过大地形成单相的短路回路。单相短路回路中电流值很大，可使继电保护装置动作，断路器断开，将故障部分切除。如果是瞬时性的故障，当闸自动重合成功，系统又能继续运行。

可见，中性点直接接地的缺点是供电可靠性差，每次发生故障，断路器就会跳闸，中断供电。而现在的网络设计，一般都能保证供电的可靠性，如双回路或两端供电，当一回路故障时，断开电路，而且高压线上不直接连用户，对用户的供电安全可以由另一回路保证。

第三节　电气设备及选择

一、高压电器的安全选用

（一）选用电器的技术条件

所选择的高压电器，应能在长期工作条件下发生过电压、过电流时保持正常运行。

1.长期工作条件

（1）电压。选用的电器允许最高工作电压不得低于该回路的最高运行电压。

（2）电流。选用电器额定电流不得低于所在回路各种可能运行方式下的持续工作电流。

由于变压器短时过载能力很大，双回路出线的工作电流变化幅度也较大，故其计算工作电流应根据实际需要确定。

高压电器没有明确的过载能力，所以在选择其额定电流时，应满足各种可能运行方式下回路持续工作电流的要求。

（3）机械荷载。所选电器端子的允许荷载，应大于电器引线在正常运行和短路时的最大作用力。各种电器的允许荷载见相应各节。

2.绝缘水平

在工作电压和过电压的作用下，电器的内外绝缘应保证必要的可靠性。电器的绝缘水平，应按电网中出现的各种过电压和保护设备相应的保护水平来确定。当所选电器的绝缘水平低于国家规定的标准数值时，应通过绝缘配合计算，选用适当过电压保护设备。

（二）环境条件要求

1. 温度

按规定，普通高压电器在环境最高温度为40℃时，允许按额定电流长期工作。当电器安装点的环境温度高于40℃（但不高于60℃时），每增高1℃，建议额定电流减少1.8%；当低于40℃时，每降低1℃，建议额定电流增加0.5%，但总的增加值不得超过额定电流的20%。

普通高压电器一般可在环境最低温度为-30℃时正常运行。在高寒地区，应选择能适应环境最低温度为-40℃的高寒型电器。

在年最高温度超过40℃，而长期处于低湿度的干热地区，应选用型号带"TA"字样的干热带型产品。

2. 日照

屋外高压电器在日照影响下将产生附加温度，但高压电器的发热试验是在避免阳光直射的条件下进行的。如果制造部门未能提出产品在日照下额定载流量下降的数据，在设计中可暂按电器额定电流的80%选择设备。

在进行试验或计算时，日照强度设定为$0.1W/cm^2$，风速设定为0.5m/s。

3. 风速

一般高压电器可在风速不大于35m/s的环境下使用。

选择电器时所用的最大风速，可取距地高度为10m、30年一遇的10min平均最大风速。最大风速超过35m/s的地区，可在屋外配电装置的布置上采取措施。阵风对屋外电器及电瓷产品的影响，应由制造部门在产品设计中考虑，可不作为选择电器的条件。

对于台风经常侵袭或最大风速超过35m/s的地区，除向制造部门提出特殊订货外，在设计布置时应采取有效防护措施，如降低安装高度、加强基础固定等。

4. 冰雪

在积雪和覆冰严重的地区，应采取措施防止冰串引起瓷件绝缘对地闪络。

隔离开关的破冰厚度一般为10mm。在重冰区（如云贵高原、山东、河南部分地区、湘中、粤北重冰地带以及东北部分地区），所选隔离开关的破冰厚度应大于安装场所的最大覆冰厚度。

5. 湿度

选择电器运行允许的湿度，应采用当地相对湿度最高月份的平均相对湿度（相对湿度——在一定温度下，空气中实际水汽压强值与饱和水汽压强值之比；最高月份的平均相对湿度——该月中日最大相对湿度值的月平均值）。对湿度较高的场所（如岸边水泵房等），应采用该处实际相对湿度。当无资料时，可取比当地湿度最高月份平均值高5%的相对湿度。

一般高压电器可使用在20℃，相对湿度为90%的环境中（电流互感器为85%）。在长江以南和沿海地区，当相对湿度超过一般产品使用标准时，应选用湿热带型高压电器。这类产品的型号后面一般都有标记。

6. 污秽

在距海岸1~2km或盐场附近的盐雾场所，在火电厂、炼油厂、冶炼厂、石油化工厂和水泥厂等附近含有由工厂排出的二氧化硫、硫化氢、氨、氯等成分烟气、粉尘等的场所，在潮湿的气候下将形成腐蚀性或导电的物质。污秽地区内各种污物对电气设备的危害，取决于污秽物质的导电性、吸水性、附着力、数量、比重及与污源的距离和气象条件。在工程设计中，应根据污秽情况采取下列措施：

（1）增大电瓷外绝缘的有效泄漏比距或选用有利于防污的电瓷造型，大小伞、大倾角、钟罩式等特制绝缘子。

（2）采用屋内配电装置。2级及以上污秽区的63~110kV配电装置采用屋内型。当技术经济合理时，污秽区的220kV配电装置也可采用屋内型。

7. 海拔

电器的一般使用条件为海拔高度不超过1000m。海拔超过1000m的地区称为高原地区。

高原环境条件的特点是：气压气温低，温差大，绝对湿度低，日照强。对电器的绝缘、温升、灭弧、老化等的影响是多方面的。

在高原地区，由于气温降低足够补偿海拔对温升的影响，因而在实际使用中其额定电流值可与一般地区相同。

对安装在海拔超过1000m地区的电器外绝缘一般应加强，可选用高原型产品或选用外绝缘提高一级的产品。在海拔3000m以下地区，220kV及以下配电装置也可选用性能良好的避雷器来保护一般电器的外绝缘。

由于现有110kV及以下大多数电器的外绝缘有一定裕度，故可使用在海拔2000m以下的地区。

8. 地震

地震对电器的影响主要是地震波的频率和地震振动的加速度。一般电器的固有振动频率与地震振动频率很接近，应设法防止共振的发生，并加大电器的阻尼比。地震振动的加速度与地震烈度和地基有关，通常用重力加速度g的倍数表示。

选择电器时，应根据当地的地震烈度选用能够满足地震要求的产品。电器的辅助设备应具有与主设备相同的抗震能力。一般电器产品可以耐受地震烈度为8度的地震力。在安装时，应考虑支架对地震力的放大作用。根据有关规定，地震基本烈度为7度及以下地区的电器可不采取防震措施。

（三）高压断路器的安全选用

1. 参数选择

（1）频率的要求主要针对进出口产品。

（2）断路器的额定关合电流，不应小于短路冲击电流值。

（3）关于分合闸时间，对于110kV以上的电网，当电力系统稳定要求快速切除故障时，分闸时间不宜大于0.04s。用于电器制动回路的断路器，其合闸时间不宜大于0.04~0.06s。

（4）当断路器的两端为互不联系的电源时，设计中应按以下要求校验：①断路器断口间的绝缘水平应满足另一侧出现工频反相电压的要求。②在反相下操作时的开断电流不超过断路器的额定反相开断电流。③断路器同极断口间的泄漏比距为对地的1.5倍。

当缺乏上述技术参数时，应要求制造部门进行补充试验。

（5）不应选择手动操作断路器。

2. 型式选择

断路器型式的选择，除应满足各项技术条件和环境条件外，还应考虑便于施工调试和运行维护，并经技术经济比较后确定。

（四）隔离开关的安全选择

隔离开关没有灭弧装置，所以它只用于断路器切断状态下，作为接通和切断电源之用。

（1）切合电压互感器和避雷器回路。

（2）切合励磁电流不超过2A的空载变压器。

（3）切合电容电流不超过2A的空载线路。

（4）切合电压为10kV及以下，电流为15A以下的线路。

（5）切合电压为10kV及以下，环路均衡电流为70A及以下的环路。隔离开关因无切断故障电流的要求，所以它只根据一般条件进行选择。

（五）负荷开关的安全选择

高压负荷开关专门用在高压装置中通断负荷电流，为此负荷开关具有灭弧装置。但它的断流能力不大，因此不能用于开断短路电流。在使用负荷开关时，线路的短路故障电流借助与它串联的高压熔断器进行保护。

（六）避雷器的安全选择

1. 避雷器的选择步骤

选择避雷器时，通常经过以下步骤。

（1）确定系统的额定电压和频率。

（2）明确避雷器限制的过电压种类以及它保护的对象，估算流过避雷器的雷电流，选择避雷器的型式和等级。

（3）计算避雷器安装处可能出现的最大电压，然后据此选择避雷器额定电压值。

（4）查阅避雷器的保护水平，用以验算保护裕度或配合系数。

（5）当选择用于频繁发生操作过电压场所的避雷器时，例如保持输电线路的串联或并联补偿电容器组和真空开关控制的经电缆馈电的冶炼熔炉变压器等设备，氧化锌避雷器的性能更为理想。

（6）需要额外考虑的问题。例如，安装地点的海拔、是否有强烈震动和严重污秽、被保护设备的特殊性等。当避雷器至被保护设备的连接导线较长时，应该校验这段导线附加的压降对保护裕度的影响。

我国3～110kV系统的避雷器各项电气性能与系数参数之间的配合均在避雷器标准中加以规范化，因此对正常绝缘的设备在选择避雷器时，校验步骤可大为简化。

海拔越高，越应加以重视。另外，还需要在安装场所检验避雷器的密封性能，测量碳化硅避雷器的工频放电电压。

旋转电机防雷需要保护水平相当低的避雷器，运行中的电机防雷保护还需加装电容器、电缆进线段和电抗器等辅助装置。其中，电容器的应用平缓了入侵波的陡度，不仅有利于电机的匝间绝缘，还可使避雷器在响应时其两端呈现的压降不致超过电机的耐受强度。带串联间隙或并联间隙的氧化锌避雷器即为解决问题的措施之一。

2. 氧化锌避雷器的选择

（1）计算或实测避雷器安装处长期的最大工作电压。变电所是送端还是受端，长期相电压是不同的，还要考虑不同运行方式可能出现的不利条件。这样根据计算或实测的系统最高工作电压确定氧化锌避雷器的持续运行电压。

（2）根据中性点接地情况，考虑单相接地、甩负荷、发电机电压上升及线路末端容升效应等因素，确定氧化锌避雷器安装点的暂态工频过电压幅值，选择避雷器的额定电压大于或等于此电压。

（3）氧化锌避雷器的残压与被保护设备绝缘水平相配合。

（4）通流能力选择。对220kV及以下电网，氧化锌避雷器的通流能力远大于普通阀型避雷和磁吹阀型避雷器，但仍应验算。对大容量电容器组和500kV系统及一些特殊地方，需要进行专门的计算。

（5）标称放电电流的选择。3~220kV电压等级的系统用5kA。

二、低压电器的安全选用

（一）低压设备安全选择的一般要求

1. 按正常工作条件选择

（1）低压保护控制设备的额定电压应不低于所在网络的额定电压。其额定频率应符合所在网络的额定频率。

（2）低压保护控制设备的额定电流应不低于所在回路的负荷计算电流。

2. 按短路工作条件选择

（1）可能通过短路电流的低压保护控制设备，应尽量满足在短路条件下动稳定和热稳定的要求。

（2）断开短路电流的低压保护控制设备，应尽量满足在短路条件下的分断能力。

根据不同变压器容量和高压侧短路容量计算出低压母线短路电流后，即可校验变电所内的主要低压保护控制设备。

（二）按使用环境选择电工产品

1. 电工产品使用环境条件

按各类环境中影响电工产品的主要因素，确定各因素的等级，并组合为产品的环境条件，从而设计制造出相应防护类型的产品。

2. 多尘场所

多尘作业的场所，其空间含尘浓度的高低随作业的性质、空气湿度、风向等不同而有很大的差异。多尘场所中灰尘的量值用在空气中的浓度（mg/m^3）或沉降量[mg/（$m^2 \cdot d$）]来衡量。

通常当灰尘和沙尘沉积在绝缘表面时，会因吸潮而使电器绝缘性能下降，而更易发生绝缘漏电或短路现象。当电器触点上有沙尘沉积时，接触电阻增大，甚至引起触头烧坏。酸性和碱性的灰尘均易潮解，从而使电工产品的金属零部件产生腐蚀。

对于存在非导电灰尘的一般多尘场所，宜采用防尘型（IP5X级）电器。对于多尘场所或存在导电性灰尘的一般场所，宜采用密封型（IP6X级）电器。

3. 化工腐蚀场所

空气中存在氯、氯化氢、二氧化硫、氧化氮、氨、硫化氢等气体的场所，当任一种成分达到或超过规定浓度，且空气相对湿度经常高于70%时，即划为化工腐蚀场所。在相对湿度低于70%的干燥环境中，上述气体就没有腐蚀作用。

4. 热带地区

热带地区根据常年空气的干湿程度分为湿热带和干热带。湿热带是指一天内有12小时以上气温不低于20℃、相对湿度不低于80%，全年累计天数在两个月以上的地区。其气候特征是高温伴随高湿。干热带是指年最高气温在40℃以上而长期处于低湿度的地区。其气候的特征是高温伴随低湿，温差大，日照强烈且有较多的沙尘。

热带气候条件对低压控制设备的影响：

（1）受空气高湿高温、凝露及霉菌等影响，电器的金属件及绝缘材料容易腐蚀、老化、绝缘性能降低、外观受损。

（2）受日温差大和强烈日照的影响，密封材料产生变形开裂、熔化流失，导致密封结构的泄漏、绝缘油等介质受潮劣化。

（3）低压控制电器在户外使用时，如受太阳照射致其温度升高，将影响其载流量。如受雷暴、雨、盐雾的袭击，将影响其绝缘强度。

湿热带地区宜选用湿热带型产品，其代号为TH。干热带地区宜选用干热带型产品，它可通用于湿热带和干热带，其代号为T。上述代号加注于电工产品型号的末尾。

（三）刀开关、接触器及热继电器的安全选择

1. 刀开关

刀开关按线路的额定电压、计算电流及断开电流选择，按短路时的动热稳定校验。

刀开关断开的负荷电流不应大于制造厂容许的断开电流值。一般结构的刀开关通常不允许带负荷操作，但装有灭弧室的刀开关，可做不频繁带负荷操作。

2. 交流接触器

接触器在不同使用场合下的操作条件存在很大差异，即其额定工作电流或额定控制功率随使用条件（额定工作电压、使用类别、操作频率、工作制度等）不同而变化。只有根据不同使用条件正确选用其容量等级，才能保证接触器在控制系统中长期可靠运行。

（1）按电动机的额定功率或线路的计算电流选择接触器的等级，并根据安装场所的周围环境选择结构形式。

（2）按短路时的动、热稳定校验，线路的三相短路电流不应超过接触器允许的动、热稳定值。当使用接触器切断短路电流时，还应校验接触器的分断能力。

（3）接触器吸引线圈的额定电流、电压及辅助触头的数目应满足控制回路接线的要求。

（4）根据操作次数校验接触器所允许的操作频率。

常用CJ10系列接触器可用于控制JK3类负荷，CJ12系列接触器可用于控制JK1、JK2类负荷。

接触器的使用类别可分为JK0、JK1、JK2、JK3、JK4五类，其用途分别如下：

JK0——接通、断开无感或微感负载、电阻炉。

JK1——启动，在运行中断开绕线型电动机。

JK2——启动，反接制动及反向，接通、断开绕线型电动机。

JK3——启动，在运转中断开鼠笼型电动机。

JK4——启动，反接制动及反向，接通、断开鼠笼型电动机。

此外，在选用接触器时，还需考虑使用环境条件、使用类别、工作制及操作频率等影响，如：接触器安装在控制箱或防护外壳内时，由于散热条件较差，环境温度较高，应适当降低容量使用。用于控制JK3类负荷的交流接触器（如CJ10系列）用来控制JK4类负荷时，其控制容量必须降低使用。铜触头的接触器一般不推荐用于连续工作制。在操作频率较高的情况下，必须计算电弧能量的影响，在等效发热电流计算值的基础上，留适当的余量来选择接触器的容量等级。

接触器一般和熔断器或自动开关配合使用。在自动开关或熔断器切断电动机馈电回路短路故障的过程中，接触器本身也流过同样强大的短路电流。如果接触器不能适应这种情况，在短路电流的作用下，将受到严重破坏。因此，最理想的情况是接触器也具有相应的动、热稳定性，或具有相应的断流能力，这样在短路故障消除后，就可马上供电。为了满足低压网络的最低要求，并考虑到我国控制电器目前的实际情况，接触器等控制电器应该具有相应的保安性。

3. 热继电器

热继电器可作为连续或断续工作的交流电动机的过载保护，有的还可用作断相保护。

（四）电气照明的安全选择

电气照明广泛应用于生产和生活的各个领域。在各种生产场所内，都必须有足够的电气照明装置，以改善劳动条件，提高产品质量和工作效率，确保安全生产。

1. 电气照明分类

电气照明按其光源可分为热辐射光源和气体放电光源两类。白炽灯、碘钨灯等是辐射光源，它们是由电流通过钨丝升温达到白炽状态而发光的照明装置。这种照明装置的温度虽然很高，但发光效率低。日光灯、高压水银灯等是利用电极间气体放电产生可见光和紫外线，由此激发灯管管壁上的荧光粉发光的照明设备。这种照明设备的发光效率较高，其发光效率可达白炽灯的3倍左右。

就电气照明方式而言，又可分为工作照明和事故照明。前者是在正常工作情况下的照明；后者是在工作照明发生故障时所必要的照明。工作照明包括用于整个场地的一般照明和用于工作场地的局部照明。一般照明220V电压，但如灯具高度不能满足要求时，应采用36V电压。局部照明一般采用36V电压，但当工作环境比较安全，或者所用灯具有特殊的结构，可以采用220V电压；而在金属容器中，或者在地点狭窄、行动不便、周围有接地的大块金属等高度触电危险的环境中，应采用12V电压。在有火灾、爆炸、中毒危险的场所，手术室之类直接关系到人身安全的场所，可容纳500人以上的重要公共场所，都应该有事故照明装置；在生产工艺受影响会造成大量废品的场所，也应有事故照明。事故照明应由独立的电源供电，不能与其他动力线路或工作照明线路合用。事故照明应有特殊的标志。

2. 照明装置选择

照明装置由灯具、灯座、线路和开关等设备组成。

应当根据周围环境选用适当形式的灯具及其他设备。在有爆炸或火灾危险的环境中，应采用防爆式灯具，而且开关应装设在其他地方或室外，或者采用防爆式开关；在有腐蚀性气体或蒸汽，或特别潮湿的环境，应采用封闭式（或防水式）灯具，而且开关设备应加保护；在多尘的环境，应采用防尘灯具以及有相应措施的开关。

灯座分插口灯座和螺口灯座。插口灯座带电部分封闭在里面，比较安全，但插口灯座承受重量较小。螺口灯座的螺旋部分容易暴露在外，这就要求螺口灯座的螺旋部分接于零线，而灯座内的弹簧舌片接于相线。为了可靠起见，最好在螺口灯座上另外加防护环，或者采用带有保护环的螺口灯座，不使其带电部分暴露在外。为了防止火灾，150W以上的灯泡不应采用胶木灯座，而应采用瓷灯座。从安全角度看，灯座不宜带有开关或插座。

三、导线和电缆的安全选择

导线和电缆安全选择的一般原则：

（一）满足发热条件

导线和电缆在通过电流时，其发热温度不能超过允许最高温度。

（二）满足机械强度

导线和电缆的截面不能低于最小允许截面数值，以满足机械强度的要求。

（三）导线和电缆的绝缘水平必须满足其正常工作电压的要求

在实际选择和计算导线电缆截面时，对于低压动力线，因其负荷电流较大，所以一般按发热条件选择截面，然后再校验其电压损耗和机械强度。对于低压照明线，因它对电压水平要求较高，所以一般按允许电压损耗条件来选择截面，然后再对发热条件和机械强度加以校验。对于高压线路，需要先按经济电流密度选择截面，然后校验其发热条件和允许电压损耗条件，对于架空线路还要校验其机械强度。

四、爆炸危险场所电气设备的安全选择

爆炸危险场所使用的电气设备，结构上应能防止在使用中产生火花、电弧或高温，避免其成为引燃安装地点爆炸性混合物的引燃源。

（一）爆炸危险环境中电气设备的选择

1.一般要求

选择电气设备前，应掌握所在爆炸危险场所的有关资料。包括场所等级和区域范围划分以及所在场所内爆炸性混合物的级别、组别等有关资料。

应根据电气设备使用场所的等级、电气设备的种类和使用条件选择电气设备。

所选用的防爆电气设备的级别和组别不应低于该场所内爆炸性混合物的级别和组别。当存在两种以上爆炸性物质时，应按混合后的爆炸性混合物的级别和

组别选用；如无据可查又不可能进行实验时，可按危险程度较高的级别和组别选用。

矿井用防爆电气设备的最高表面温度无煤粉沉积时不得超过450℃，有煤粉沉积时不得超过150℃。工厂气体、蒸汽危险场所用防爆电气设备的最高表面温度不得超过规定。工厂粉尘、纤维危险场所防爆用电气设备的最高表面温度不得超过规定。粉尘、纤维爆炸危险场所一般电气设备的最高表面温度不得超过125℃，或沉积厚度5mm以下时应低于引燃温度75℃，或不超过引燃温度的2/3。

在爆炸危险场所，应尽量少用或不用携带式电气设备，尽量少安装插销座。

采用非防爆型设备隔墙机械传动时，隔墙必须是非燃烧材料的实体墙，穿轴孔洞必须密封，安装电气设备的房间出口只能通向非爆炸危险场所，否则，必须保持正压。

2.危险场所划分

0区：指正常运行时连续出现，或长时间出现，或短时间频繁出现爆炸性气体、蒸汽或薄雾的危险区域。

1区：指正常运行时可能出现（预计周期性出现或偶然出现）爆炸性气体、蒸汽或薄雾的危险区域。

2区：指正常运行时，不出现爆炸性气体、蒸汽或薄雾，即使出现也仅可能是短时间存在的区域。

10区：正常运行时爆炸性粉尘混合物连续出现，或长时间出现，或短时频繁出现的区域。

11区：爆炸性粉尘或纤维仅在不正常运行时偶尔短时间出现的区域。

21区：在生产过程中生产、使用、加工、储存或转运闪点高于场所环境温度的可燃液体，在数量和配置上能引起火灾危险的场所。

22区：在生产过程中，悬浮状、堆积状的可燃粉尘或可燃纤维不可能形成爆炸性混合物，但在数量和配置上能引起火灾危险的场所。

23区：固体状可燃物质在数量和配置上能引起火灾危险的场所。

（二）气体、蒸汽爆炸危险场所电气线路的安全要求

在爆炸危险场所中，电气线路位置、线路敷设方式、导体材质、绝缘保护方

式、连接方式等，均应根据场所危险等级进行选择。

1. 电气线路位置的选择

应考虑在爆炸危险性较小或距离释放源较远的地方敷设电气线路。例如，当爆炸危险性气体或蒸汽比空气重时，电气线路应在较高处敷设，或电缆直接埋地敷设，或电缆沟充砂敷设；当爆炸危险性气体或蒸汽比空气轻时，电气线路宜在较低处敷设，或电缆沟敷设。

电气线路宜在爆炸危险建筑、构筑物的墙外敷设。

当电气线路沿输送易燃气体或液体的管道栈桥敷设时，应尽量沿危险程度较低的一侧敷设。当易燃气体或蒸汽比空气重时，电气线路应在管道上方；当易燃气体或蒸汽比空气轻时，电气线路应在管道下方。

电气线路应避开可能受到机械损伤、振动、污染、腐蚀及受热的地方，否则应采用防护措施。

10kV及以下的架空线路不得跨越爆炸危险场所。当架空线路与爆炸危险场所邻近时，其间距不得小于杆塔高度的1.5倍。

2. 线路敷设方式的选择

爆炸危险场所中电气线路主要有防爆钢管配线和电缆线路，爆炸危险场所不得明敷绝缘导体。

固定敷设的电力电缆应采用铠装电缆。固定敷设的照明、通信、信号和控制电缆可采用铠装电缆或塑料护套电缆。非固定敷设的电缆应采用非燃性橡胶护套电缆。煤矿井下高压电缆宜采用铠装不滴流式电缆。

固定敷设的非铠装电缆应穿钢管或用钢板制电缆槽保护。不同用途的电缆应分开敷设。钢管配线应使用专用镀锌钢管或使用处理过内壁毛刺，且进行过内、外壁防腐处理的水管或煤气管。两段钢管之间、钢管与钢管附件之间、钢管电气设备之间应用螺纹连接，螺纹啮合不得少于6扣，并应采取防松和防腐蚀措施。钢管与电气设备直接连接有困难处，以及管路通过建筑物的伸缩、沉降处应装挠性连接管。

3. 隔离密封

敷设电气线路的沟道、保护管、电缆或钢管在穿过爆炸危险环境等级不同或爆炸气体或蒸汽的介质不同的区域之间的隔墙或楼板处的孔洞时，应用非燃性材料严密堵塞。

隔离密封盒位置应尽量靠近隔墙，墙与隔离密封之间不允许有管接头、接线盒或其他任何连接件。

隔离密封盒的防爆等级应与爆炸危险场所的等级相对应。隔离密封盒不应作为导线的连接或分线用。在可能引起凝结水的地方应选择排水型的隔离密封盒。钢管配线的隔离密封盒应采用粉剂密封填料。

电缆配线的电缆保护管口，电缆与电缆保护管管口之间，应使用密封胶泥进行密封。在两级区域交界处的电缆沟内应采取充砂，填阻火墙材料或加设防火隔墙等措施。

4. 导线材料选择

由于铝芯的机械强度差，易于折断，需要过渡连接而加大接线盒，且连接技术上难以控制，因此铝芯导线或电缆的安全性能较差。如有条件，爆炸危险环境应优先采用铜线。但在爆炸危险环境等级为2区的范围内，配电线路的导线连接，以及电缆的封端采用压接、熔焊或钎焊时，电力线路也可选用4mm^{2}及以上的铝芯导线或电缆；照明线路可选用2.5mm^{2}及以上的铝芯导线或电缆。

在爆炸危险环境等级为1区的范围，配电线路应采用铜芯导线或电缆。

有剧烈振动处应选用多股铜芯软线或多股铜芯电缆。煤矿井下不得使用铝芯电力电缆。爆炸危险环境内的配电线路一般选用有交联聚乙烯、聚乙烯、聚氯乙烯或合成橡胶绝缘及有护套的电线、电缆。电缆宜采用耐热阻燃、耐腐蚀的；不宜采用油浸纸绝缘电缆。

在爆炸危险环境，低压电力和照明线路用的绝缘导线和电缆的额定电压不得低于工作电压，并不应低于500V。工作零线的绝缘应与相线有同样的绝缘能力，并应在同一绝缘护套内。

5. 允许载流量

为避免可能的危险温度，爆炸危险场所导线的允许载流量应低于非爆炸危险场所的载流量。在1区、2区内的绝缘导线和电缆截面的选择，导体允许载流量不应小于熔断器熔体额定电流的1.25倍和断路器长延时过电流脱扣器整定电流1.25倍。引向低压鼠笼型感应电动机支线的允许载流量不应小于电动机额定电流的1.25倍。

6. 电气线路的连接

1区和2区的电气线路不允许有中间接头。但若电气线路的连接是在与该危险环境等级相适应的防爆类型的接线盒或接头盒的内部，则不属于此种情况。1区宜采用隔爆型接线盒，2区可采用增安型接线盒。

2区的电气线路若选用铝芯电缆或导线时，必须有可靠的铜铝过渡接头。导线的连接或封端应采用压接、熔焊或钎焊，而不允许使用简单的机械绑扎或螺旋缠绕的连接方式。

选用电气线路时，还应当注意：干燥无尘的场所可采用一般绝缘导线；潮湿、特别潮湿或多尘的场所应采用有保护的绝缘导线（如铅皮导线）或一般绝缘导线穿管敷设；高温场所应采用有瓷管、石棉、瓷珠等耐热绝缘的耐燃线；有腐蚀性气体或蒸汽的场所可采用铅皮线或耐腐蚀的穿管线；移动电气设备应采用橡皮套软线或其他软线等。

（三）火灾危险场所电气线路的安全要求

火灾危险场所的电气线路应避开可燃物。10kV及10kV以下的架空线路不得跨越爆炸危险场所，邻近时其间距离不得小于杆塔高度的1.5倍。

（1）当绝缘导线采用针式或鼓形绝缘子敷设时，应注意以下几点：①远离可燃物质。②不应沿未抹灰的木质吊顶和木质墙壁等处敷设，不应在木质闷顶内，以及可燃液体管线栈桥上敷设。③在火灾危险场所，移动式和携带式电气设备应采用移动式电缆。

（2）在火灾危险环境内，需采用裸铝、裸铜母线时，应符合下列要求：①不需拆卸检修的母线连接处，应采用熔焊或钎焊。②螺栓连接（例如母线与电气设备的连接）应可靠，并应防止自动松脱。③在21区和23区，母线宜装设金属网保护罩，其孔眼直径应能防止直径大于12mm的固体异物进入壳内；在22区应有防尘外罩。④当露天安装时，应有防雨、雪措施。

火灾危险场所可采用铝线，当采用铝芯绝缘线时，应有可靠的连接和封端。火灾危险场所电力和照明线路的绝缘导线和电缆的额定电压，不应低于网络的额定电压，且不低于500V。

五、电气保护设备

（一）继电保护

保护电器主要包括各种熔断器、磁力启动器的热继电器、过电流继电器和失压（欠压）脱扣器、自动空气开关的热脱扣器、电磁式过电流脱扣器和失压（欠压）脱扣器、漏电保护器、避雷器、接地装置等。

1.继电保护分类

继电保护种类很多，构成方式各不相同，但是继电保护装置的基本工作原理是一致的，即反映电力系统各电气量在系统发生故障时与正常运行时的变化。例如：故障时，电流增大，电压降低，电流与电压相位角度变化等。利用这些量的变化可以构成不同原理的继电保护装置。反应电流增大构成过电流保护装置，反应电压降低（或升高）构成低电压（过电压）保护装置，反应电流与电压的比值及其相位角变化构成距离（阻抗）保护装置等。

继电保护装置一般由三部分组成：测量部分、逻辑部分和执行部分。

测量部分一般称保护的交流回路，其作用是反映故障时系统各电气量的变化，以确定电力系统是否发生故障和不正常工作情况。逻辑部分和执行部分一般称为保护的直流回路，其作用是根据测量回路的指令进行逻辑判断，以确定是否跳闸或发出信号。

按继电保护构成原理，继电保护可分为：

（1）电流保护。包括无限时电流速断保护、限时电流速断保护、方向过电流保护、电压闭锁过电流保护、零序电流保护。

（2）阻抗保护。包括相间距离保护、接地距离保护、失磁保护。

（3）差动保护。包括纵联差动保护、横联差动保护、高频保护。

按继电器的构成原理可分如下几类：

（1）机电型保护（包括感应型和电磁型）、整流型保护、晶体管型保护。

（2）行波保护、微波保护、电子计算机保护等。

2.电气设备应配置的继电保护装置

发、变配电设备及输电线路一般常用的继电保护装置有过电流保护（有时限、无时限、方向、零序等）、差动保护、高频保护、距离保护、低电压保护、瓦斯保护及温度保护等。

（二）电力系统自动装置

1. 自动装置的作用及分类

（1）自动装置的作用。电力系统生产过程的监视、检测、调整、控制、事故处理以及事故后的快速恢复供电等，都必须依靠自动装置。由于电磁过程的快速和短暂，电力系统的某些要求较高的调整、操作、控制等，也只能依靠自动装置，才能达到预期的效果。

比如发电机的自动调整励磁和强行励磁装置，能提高电力系统稳定运行能力，防止系统电压崩溃，使继电保护准确切除故障，能提高系统电压质量。安装频率自动减载装置，可以防止系统有功电源突然欠缺时，引起系统频率崩溃。自动重合闸装置在故障切除以后，能快速恢复供电，恢复系统之间的联系，防止事故扩大。备用电源自动投入装置，可以保护当供电电源故障时，不致中断对重要用户供电，是保证发电厂用电和变电所用电安全运行的良好措施。自动同期装置是保证并列操作的准确性，保证并列时系统及机组的安全，快速投入备用机组。自动装置减轻了运行人员精神高度紧张的劳动。

还有一些自动装置可以提高电力系统的自动化水平，实现安全运行的自动检测和监控，还可以实现电力系统的最佳经济调度。

（2）自动装置的分类。按其在电力系统中所起的作用，自动装置可分为两类。

一类自动装置的作用是维持电力系统安全稳定运行，或系统万一失去稳定时，尽量缩小波及范围、减少负荷损失，尽快恢复供电。如自动调节励磁、强行励磁、强行减磁、自动重合闸、备用电源自动投入、按频率自动减负荷、自动调频、振荡解列等。这类自动装置通常称为电力系统中的安全自动装置。

另一类是提高电力系统自动化水平，实现自动检测、安全监控、远方屏幕显示等自动装置。

2. 自动重合闸装置

电力系统采用重合闸装置—是大大地提高了供电可靠性，减少线路停电次数，减少运行人员事故处理的时间；二是在高压输电线路上采用重合闸，还可以提高电力系统并列运行的稳定性；三是纠正断路器本身机构不良或继电保护误动作而引起的误跳闸，大大减少事故的发生。

（1）分类。按其组成部分的结构原理来分，可分为机械式和电气式；按重合闸作用于开关的方式可分为三相重合闸、单相重合闸和综合重合闸；按重合闸方式可分为检定同期重合闸、单相重合闸和综合重合闸；按重合闸方式可分为检定同期重合闸、捕捉同期重合闸及非同期重合闸；按动作次数可分为一次重合闸和多次重合闸。

（2）使用重合闸的注意事项。①在下列情况下，重合闸不应动作：a. 由值班人员动手操作或通过遥控装置将断路器断开时。b. 由于断路器的原因，例如油断路器油压降低到不允许合闸的油压时。c. 手动合闸于故障线路上，由保护将其断开时。运行经验表明，在这种情况下，故障往往是永久性的。它可能是由于检修质量不合格或者忘记拆除地线等造成的，因此再重合也不能成功。②重合闸的启动方式可以采取保护装置启动，也可以采用控制开关的位置与断路器的位置不对应的原则来启动重合闸。③一次重合闸次数只能进行一次，不允许多次重合闸。即使重合闸装置本身的元件损坏，继电器接点粘住或拒动，重合闸均不应使断路器多次地重合到永久性故障上去。④自动重合闸动作后，一般应能自动复归，准备好下一次动作。⑤重合闸装置应具备重合闸前加速与后加速回路，方便与继电保护配合，加速切断故障，当手动合闸于故障线路时，重合闸亦能实现手动合闸后加速保护。

3. 自动按频率减负荷装置

电力系统中如某些机组或电源线路故障被切除，出现了功率缺额，系统频率下降，不仅影响电能质量，而且会给系统安全带来严重危害。为了提高供电质量，保证重要用户的供电需要，在系统中出现功率缺额而引起频率下降时，根据频率下降的程度，应自动切除一部分次要用户，制止频率下降。这种根据频率下降程度自动切除部分用户的装置，称为自动按频率减负荷装置。

实现自动按频率减负荷的基本原则如下。

（1）确定系统中应切除的负荷数量。在一个具体的电力系统中，自动按频率减负荷动作后切除多少负荷，应根据可能发生的最大功率缺额来考虑。如假设系统中一台最大发电机突然因事故停机，或系统中最大的发电厂突然全停，或者一条输送容量最大的输电线路突然因事故断开等情况考虑应切除的负荷数量。但所切除的负荷总数应小于最大功率缺额，因切除负荷以后并不要求频率恢复到额定，但所切除的负荷数也不能太少，原则是使频率恢复到保证系统能稳定运行，不致引起系统崩溃。

（2）自动按频率减负荷应分级进行。要保证可靠供电，应尽量少切负荷。因而所切负荷总数应根据频率下降程度分级切除，而且级数尽可能多一些。所切负荷，按重要程度的不同，依次分级。次要负荷在第一级，频率降低时首先切除，较为重要些的负荷放在第二级，在功率缺额较大，频率下降较多时，切除第二级，以此类推。

（3）第一级动作频率的确定。确定第一级减负荷频率，要从两方面考虑：一方面，自动按频率减负荷应尽快动作，将第一级动作频率f1整定高些，后面各级动作频率也可以相应地高些，这样可使系统频率波动小些。另一方面，从用户来考虑，整定太高，动作频繁，对用户连续供电不利。第一级动作频率一般在48～48.5Hz之间，特殊情况下可为47.5Hz，以水轮发电机为主的系统取低值，因水轮机调速系统动作较慢。

（4）最后一级动作频率的确定。最后一级动作频率，由系统所允许的最低频率来确定。以高温、高压电厂为主的系统，一般由所允许的最低频率来确定。以高温、高压电厂为主的系统，一般取46～46.5Hz，因为频率低于45Hz时，高温高压电厂的厂用电力系统已不能正常工作。对其他电力系统，取45Hz，因为当频率低于45Hz时，一般发电机的励磁系统已不能正常工作，不能维持稳定运行。

（5）自动按频率减负荷各级之间应配合工作，动作要有选择性。自动按频率减负荷装置各级之间动作的选择性，是前一级动作后，若频率还继续下降，后一级才动作。通过对每一级动作频率的合理整定，才能获得各级之间的动作选择性。

合理选择各级动作频率的级差，是保证选择性的关键。要考虑系统发生最大功率缺额时频率下降的速度、频率继电器的误差、自动按频率减负荷装置动作的延时等因素。一般级差取0.5～0.65Hz。

应当指出，有时为了尽量少切除负荷，级数相应增多，即使造成各级之间无选择动作，也常被认为是可行的。

（6）恢复频率的确定。自动按频率减负荷装置动作后，稳定频率的数值与切除负荷的多少有关。切除负荷越多，恢复频率越高。为了不过多地切除负荷，并不需要使频率恢复到额定值，通常恢复频率的下限为48Hz，上限为49.5Hz。频率达到恢复频率之后，进一步恢复工作由运行人员处理。

根据系统功率缺额及恢复频率的大小，可以算出需要切除负荷的总数。

（7）附加级。如果系统功率缺额较大，自动按频率减负荷装置各基本级动作之后，频率仍处于较低水平上，这对发电厂用电和系统的稳定运行都不利。为此，设置附加减负荷级（也称为特殊级），动作频率整定为47.5～48.5Hz。当其他基本级动作之后，系统频率稳定在此水平以下不再回升时，附加级动作使频率回升到恢复频率。附加级带有足够延时，一般取15～25s，约为系统频率变化时间常数的2～3倍，防止频率在回升过程中即尚未稳定时附加级误动。

4. 备用电源自动投入装置

对于突然中断供电将会造成严重损失的重要用户，为了保证供电电源的安全可靠，除有工作电源供电之外，还有备用供电电源。

当工作电源因故障断开之后，或工作电源因某种原因失去电压之后，备用电源能自动快速地投入运行，将用户自动切换到备用电源上去，使用户不致因工作电源故障而停电。这种能使备用电源自动投入运行的装置叫作备用电源自动投入装置（BZT装置）。

对备用电源自动投入装置的基本要求如下。

（1）只有在备用电源正常时，BZT装置才能投入使用。当备用电源无电压时，BZT装置应自动闭锁，因其即便动作也无效果。

（2）在备用电源正常的情况下，由工作电源供电的母线因任何原因失去电压时（正常操作除外），BZT装置均应动作。

（3）在保证足够的去游离时间的情况下，BZT装置应使供电设备停电时间最短，使电动机自启动能顺利进行。

（4）BZT装置只应动作一次，以免在母线或引出线上发生永久性故障时，备用电源多次投放到故障点上，造成多次冲击。

（5）BZT装置应在工作电源确已断开后，再投入备用电源，主要保证故障点有足够的去游离时间。一般情况下，备用电源断路器的合闸时间，已足够保证故障点空气的去游离。

（6）高、低压BZT装置之间应相互配合。

（7）电压互感器一次或二次一相熔断器熔断时，BZT装置不应动作。

（三）常用保护电器

1. 熔断器

熔断器有管式熔断器、插式熔断器、螺塞式熔断器、盒式熔断器、羊角熔断器等多种形式。管式熔断器有两种：一种是纤维材料管，由纤维材料分解大量气体灭弧；一种是陶瓷管，管内填充石英砂，由石英砂冷却和熄灭电弧。管式熔断器和螺塞式熔断器都是封闭式结构，电弧不容易与外界接触，适用范围较广。管式熔断器多用于大容量的线路，一般动力负荷大于60A或照明负荷大于100A者，应采用管式熔断器。螺塞式熔断器只用于小容量的线路。插式熔断器和盒式熔断器都是防护式结构，有瓷壳保护，常用于中、小容量的线路，后者主要用于照明线路。羊角熔断器是开启式结构，主要用于小容量线路的进户线上。

熔断器的熔体做成丝或片的形状。低熔点熔体由锑铜合金、锡铅合金、锌等材料制成，高熔点熔体由铜、银、铅制成。

保护特性（熔断特性或安秒特性）和分断能量是熔断器的主要技术参数。保护特性指流过熔体的电流与熔断时间的关系曲线。保护特性是反时限曲线，而且有一个临界电流。在临界电流长时间的作用下，熔体能达到刚刚不熔断的稳定温度。熔体的额定电流必须小于其临界电流。临界电流与额定电流之比称为熔化系数。熔化系数越小，则过载保护的灵敏度越高。10A及以下熔体的熔化系数约为1.5；10A以上、30A及以下的约为1.4；30A以上的约为1.3。

分断能力是指熔断器在额定电压及一定的功率因数下切断短路电流的极限能力。因此，通常用极限分断电流表示分断能力。填料管式熔断器的分断能力较强。

选用熔断器时，应注意其防护形式满足生产环境的要求。其额定电压符合线路电压，其极限分断电流大于线路上可能出现的最大故障电流，其保护特性应与保护对象的过载特性相适应。在多级保护的场合，为了满足选择性的要求，上一级熔断器的熔断时间一般应大于下一级的3倍。为保护硅整流装置，应采用有限流作用的快速熔断器。

同一熔断器可以配用几种不同规格的熔体，但熔体的额定电流不得超过熔断器的额定电流。熔断器的熔体与触刀、触刀与刀座应保持接触良好，触头钳口应有足够的压力。在有爆炸危险的环境，不得装设电弧可能与周围介质接触的熔断器。一般环境也必须考虑采取防止电弧飞出的措施。应当在停电以后更换熔体，不能轻易改变熔体的规格。不得使用不明规格的熔体，更不准随意使用铜丝或铁丝代替保险丝。

有时为了改善熔断器的保护性能，对于启动时有冲击的负荷，采用两组并联的闸刀开关启动和控制。启动组熔断器的额定电流按启动电流选取。运行组熔断器和额定电流只需按正常负荷电流选取，可以取得小一些。

2. 热继电器

热继电器和热脱扣器也是利用电流的热效应制成的。热继电器主要由热元件、双金属片、扣板、拉力弹簧、绝缘拉板、触头等元件组成。负荷电流通过热元件，并使其发热。位于热元件近旁的双金属片被加热而变形。双金属片由两层热胀系数不一样的金属片冷压黏合而成，上层热胀系数小，下层热胀系数大，受热后向上弯曲。当双金属片向上弯曲到一定程度时，扣板失去约束，在拉力弹簧作用下迅速绕扣板轴逆时针转动，并带动绝缘拉板向右方移动而断开触头。

对于磁力启动器，热继电器的触头串联在吸引线圈回路中；对于减压启动器，热继电器的触头串联在失压脱扣器线圈回路中；而对于自动空气开关，热脱扣器直接把机械运动传递给开关的脱扣轴。这样，热继电器或热脱扣器的动作就能通过磁力启动器、减压启动器或自动空气开关断开线路。

同一热继电器或同一热脱扣器可以按照需要配用几种规格的热元件；每种热元件的动作电流还可在66%~100%的范围内调节。

热继电器和热脱扣器的热容量较大，动作不快，只宜用于过载保护，而不宜用于短路保护。为适应电动机过载特性的需要，热元件通过整定电流时，继电器或脱扣器不动作；通过1.2倍的整定电流时，动作时间不超过20min；通过1.5倍整定电流时，动作电流不超过2min。为适应电动机启动要求，热元件通过6倍整定电流时，动作时间应不超过5s。

热元件的额定电流原则上按电动机的额定电流选取；但对于过载能力较低的电动机，如果启动条件允许，可按其额定电流的60%~80%选取。

3. 电磁式继电器

电磁式过电流继电器（或脱扣器）是依靠电磁力的作用进行工作的，主要由线圈和铁芯组成。线圈串联在主线路上，当线路电流达到继电器（或脱扣器）的整定电流时，在电磁吸力的作用下，衔铁很快被吸合。衔铁运行或者带动触头实现控制继电器，或者驱动脱扣器轴实现控制脱扣器。

交流过电流继电器的动作电流可在其额定电流110%～350%的范围内调节，直流的可在其额定电流70%～300%的范围内调节。

不带延时的电磁式过电流继电器（或脱扣器）的动作时间不超过0.1s，短延时的仅为0.1～0.4s，这两种都适用于短路保护。从人身安全的角度看，采用这种过电流保护电器有很大的优越性，因为它能大大缩短碰壳故障持续的时间，迅速消除触电的危险。

长延时的电磁式过电流继电器（或脱扣器）的动作时间都超过1s，而且具有反时限特性，适用于过载保护。

失压（欠压）脱扣器也是利用电磁力的作用进行工作的。所不同的是正常工作时衔铁处在闭合位置，而且吸引线圈在并联的线路上。当线路电压消失或降低至30%～65%时，磁铁被弹簧拉开，通过脱扣机构，减压启动器或自动空气开关断开电源。

选用电磁式继电器时，除应注意工作电流（电压）、吸合电源（电压）、释放电流（电压）、动作时间等参数符合要求外，还应注意其触头的分断能力、机械寿命和电气寿命、工作制等技术数据。

4.剩余电流动作型保护装置

用途及分类。剩余电流动作型保护装置俗称触电保安器，用于低压电路中，作为防止人身触电和由于漏电引起的火灾、电气设备烧损以及爆炸事故的安全电器。主要功能是提供间接接触保护。漏电动作电流小于30mA的保护器，可以作为直接接触的补充保护，但不是唯一的保护。

（1）电流型漏电开关按其动作时间分类。可分为以下三种类型。

①快速型：动作时间在0.1s内。

②延时型：动作时间在0.1～2s以内。

③反时限型：通过额定动作电流时，动作时间超过0.2s，但在1s以内；通过的电流为额定动作电流的1.4倍时，动作时间超过0.1s，但在0.5s以内；通过的电流为额定动作电流的4.4倍时，动作时间在0.05s以内。

（2）电流型漏电开关按其动作灵敏度分类，可分为以下类型。

①高灵敏度型：额定动作电流在30mA以下。

②中灵敏度型：额定动作电流在30～100mA。

除上述各种类型的漏电开关外，还有冲击波不动作型漏电开关等。

5. 电气设备防误操作闭锁装置

防误操作闭锁装置是保证倒闸操作正确实施的重要措施之一。在电力系统中广泛应用防误操作闭锁装置，对防止电气误操作事故起到了很大的作用。防误操作闭锁装置应具备以下五防功能：防止误断、误合断路器，防止带负荷误拉、误推隔离开关，防止带地线或接地开关合闸，防止带电挂接地线或推接地开关，防止误入带电间隔。

目前电力系统使用的防误操作闭锁装置主要有：机械连锁式、电气连锁式、机械程序锁式、微机式等。

微机防误操作闭锁装置是专门为电力系统防止电气误操作事故而设计研制的，由电脑模拟盘、电脑钥匙、电编码开锁、机械编码锁几部分组成。可以检验及打印操作票，同时能对所有的一次设备强制闭锁。具有功能强、使用方便、安全简单、维护方便等优点。该装置以电脑模拟盘为核心设备，在主机内预先储存了所有设备的操作原则，模拟盘上所有的模拟元件都有一对触点与主机相连。当运行人员接通电源在模拟盘上预演、操作时，微机就根据预先储存好的规则对每一项操作进行判断。如操作正确，则发出一声表示操作正确的声音信号；如操作错误，则通过显示器闪烁显示错误操作项的设备编号，并发出持续的报警声，直至将错误项复位为止。预演结束后，可通过打印机打印出操作票，通过模拟盘上的传输插座，还可将正确的操作内容输入电脑钥匙中，然后运行人员就可拿着电脑钥匙到现场进行操作。操作时，运行人员依据电脑钥匙上显示的设备编号，将电脑钥匙插入相应的编码锁内，通过其探头检测操作的对象是否正确。若正确则闪烁显示被操作设备的编号，同时开放其闭锁回路或机构，就可以进行倒闸操作了。操作结束后，电脑钥匙自动显示下一项操作内容。若跑错位置则不能开锁，同时电脑钥匙发出持续的报警声以提醒操作人员，从而达到强制闭锁的目的。

使用电脑模拟盘闭锁，最重要的是必须保证该模拟盘的正确性，即和现场设备的实际位置完全一致，这样才能达到防误装置的要求。

微机式防误闭锁装置是目前最新型、最先进的一种防误装置，它主要是利用微型计算机（或单板机）加外围设备（如继电器、电磁锁等）来实现防误闭锁的。它的主要优点是使用灵活、功能齐全，还具有音响报警和数字显示功能，并能满足各种特殊操作的要求，特别是前几种闭锁装置所不能实现或不易实现的功能，它都能方便地实现。

目前我国电力系统使用的微机防误操作装置分为无线式和有线式两种。无线式微机防误操作装置不需要电缆，易于安装，节省投资，适用于已投产运行的变电所中。有线式微机防误操作装置需要电缆，投资大，不易安装，但使用方便，可靠性高，适用于新建变电所。

（1）基本工作原理

微机防误操作闭锁装置主要由变电所（或发电厂）一次系统智能模拟屏、控制器、微型计算机、电脑钥匙、电气编码锁、机械编码锁等设备构成。其中，电气编码锁安装在断路器的控制屏上。在电气上断开控制电源小母线——断路器控制开关的端子的连线，并将电气编码锁的两个电极串联在断开处，用来对断路器的手动分、合闸进行闭锁，机械编码配合相关闭锁套件，可对隔离开关（或接地开关）的操作机构、网门、临时接地线等进行闭锁。

该装置以微型计算机为核心设备，在系统软件中预先编写了变电所（或发电厂）电气一次系统接线图和所有设备的操作原则，实际上是在微型计算机中形成了一个电脑专家系统，同时输入了所有带二次项目的操作票，并由电脑专家系统整理、归纳、储存。

变电所运行值班人员在开始倒闸操作前，先打开防误操作闭锁装置电源，输入操作任务，然后在智能模拟屏上进行模拟操作。此时，微型计算机中的电脑专家系统自动对每一项操作进行判断。若运行人员的操作正确，则提示操作正确；若运行人员的操作错误，则发出警告声并在显示器上显示错误操作项的设备编号、错误的原因，并提示正确的操作步骤。运行人员纠正后，继续操作，直至完全正确，操作完毕为止。模拟操作结束后，根据运行人员的正确操作步骤，微型计算机自动打印出一张含二次项目的完整操作票，并通过传送座将正确的操作内容、操作步骤输入电脑钥匙中。然后运行人员就可以拿着电脑钥匙到现场，按打印出的操作票逐项操作了。

现场操作时，运行人员将电脑钥匙插入相应的编码锁内，此时电脑钥匙通过其探头自动检测操作对象是否正确。若正确，则发出两声提示音，同时开放其闭锁回路或机构，这时就可以进行断路器操作或打开机构编码锁进行隔离开关等的操作；若操作对象错误，则不能开锁，同时电脑钥匙发出持续的报警声，以提醒操作人员，从而达到强制闭锁的目的。特别值得一提的是，这种装置的编码锁带有状态检测输入口，电脑钥匙在操作编码锁时，要识别操作设备的编码（由编码锁决定，其编码唯一），还要检测设备的状态（如出现不带电时才能操作线路接地开关，带电时则应闭锁接地开关）。只有当这两个条件都满足时，编码锁才能被打开（开放操作机构或接通操作回路），设备才允许操作。当设备操作完毕，并重新闭锁好后，电脑钥匙才能从锁体上取下，操作人员才能进行下一步操作。因此，对操作人员操作漏项、走错间隔、一次设备拒动等情况，它都能可靠地实现防误操作闭锁。

（2）性能特点

①防误功能。a. 模拟屏智能化。它可根据电脑专家系统对模拟操作提供指导，保证模拟操作的正确性，满足各种防误操作要求，并且不经模拟屏操作就不能在装有编码锁的设备上进行实际操作。b. 通过电脑专家系统对模拟操作的综合分析，可打印一份完全符合规定，满足操作要求的倒闸操作票。c.电脑钥匙按顺序控制操作票的执行，保证操作票被逐项有序地实施操作。d.编码锁结构简单，操作方便，且为固定式防走空程序型。

②闭锁方式。a. 闭锁方式灵活。闭锁方式可根据用户要求灵活选择，与其他闭锁装置兼容并存，实现五防，并可实现其他复杂闭锁要求。运行方式改变只需要修改闭锁情况文件，即可满足各种防误要求，可靠性高。b. 机械编码锁采用分体式结构，能适应各种复杂机构的闭锁，结构简单，易于维护，且不受设备检修的影响。c. 电气编码锁适用于所有电动设备的闭锁。d. 提供编程系统供用户自己编程。当用户系统改变（增容、扩建等）时，用户可自行修改系统文件，以满足新的要求。

第四节　我国电力系统的发展及其特点

一、电力系统的发展

在电能应用的初期，由小容量发电机单独向灯塔、轮船、车间等供电的照明供电系统，可看作简单的住户式供电系统。白炽灯发明后，出现了中心电站式供电系统。

电力系统的发展是研究开发与生产实践相互推动、密切结合的过程，是电工理论、电工技术以及有关科学技术和材料、工艺、制造等共同进步的集中反映。电力系统的研究与开发，还在不同程度上直接或间接地对于信息、控制和系统理论，以及计算技术起了推动作用。反过来，这些科学技术的进步又推动着电力系统现代化水平的日益提高。

超导电技术的成就展示了电力系统的新前景。30万kW超导发电机已经投入试运行，并且继续研制容量为百万千瓦级的超导发电机。超导材料性能的改进会使超导输电成为可能。利用超导线圈可研制超导储能装置。动力蓄电池和燃料电池等新型电源设备均已有千瓦级的产品处于试运行阶段，并正逐步进入工业应用。这些研究课题有可能实现电能储存和建立分散、独立的电源，从而引起电力系统的重大变革。

在各工业部门中，电力系统是规模大、层次复杂、对实时性要求严格的实体系统。无论是系统规划和基本建设，还是系统运行和经营管理，都为系统工程、信息与控制的理论和技术的应用开拓了广阔的园地，并促进了这些理论、技术的发展。

二、电力系统的研究开发与规划设计

（一）电力系统的研究开发

随着交流电路的理论、三相交流输电理论、分析三相交流系统的不平衡运行状态的对称分量法、电力系统潮流计算、短路电流计算、同步电机振荡过程和电力系统稳定性分析、流动波理论和电力系统过电压分析等理论逐渐成熟，形成了电力系统分析的理论基础。随着系统规模的增大，人工计算已经远远不能适应要求，从而促进了对专用模拟计算工具的研制。美国麻省理工学院电机系首次研制成功机械式模拟计算机——微分仪，后来改进成为电子管、继电器式模拟计算机，后来又研制成功直流计算台和网络分析仪，成为电力系统研究的有力工具。20世纪50年代以来，电子计算机技术的发展和应用，使大规模电力系统的精确、快速计算得以实现，从而使电力系统分析的理论和方法进入一个崭新的阶段。

在电力系统的主体结构方面，对燃料、动力、发电、输变电、负荷等各个环节的研究开发，大大提高了电力系统的整体功能。高电压技术的进步，各种超高压输变电设备的研制成功，电晕放电与长间隙放电特性的研究等，为实现超高压输电奠定了基础。新型超高压、大容量断路器以及气体绝缘全封闭式组合电器，其额定切断电流已达100kA，全开断时间由早期的数十个工频周波缩短到1～2个周波，大大提高了对电网的控制能力，并且降低了过电压水平。依靠电力电子技术的进步实现了超高压直流输电。由电力电子器件组成的各种动力负荷，为节约用电提供了新的技术装备。

（二）电力系统的规划设计

电能是二次能源。电力系统的发展既要考虑一次能源的资源条件，又要考虑电能需求的状况和有关的物质技术装备等条件，以及与之相关的经济条件和指标。在社会总能源的消耗中，电能所占比例始终呈增长趋势。信息化社会的发展更增加了对电能的依赖程度，电能供应不足或供电不可靠都会影响国民经济的发展，甚至造成严重的经济损失。发电和输、配电能力过剩又意味着电力投资效益降低，从而影响发电成本。因此，必须进行电力系统的全面规划，以提高发展电力系统的预见性和科学性。

制定电力系统规划，首先必须依据国民经济发展的趋势（或计划），做好电力负荷预测及一次能源开发布局。然后再综合考虑可靠性与经济性的要求，分别做出电源发展规划、电力网络规划和配电规划。

在电力系统规划中，需综合考虑可靠性与经济性，以取得合理的投资平衡。对电源设备，可靠性指标主要是考虑设备受迫停运率、水电站枯水情况下电力不足概率和电能不足期望值；对输、变电设备，可靠性指标主要是平均停电频率、停电规模和平均停电持续时间。大容量机组的单位容量造价较低，电网互联可减少总的备用容量。这些都是提高电力系统经济性需首先考虑的问题。

电力系统是一个庞大而复杂的大系统，它的规划问题还需要时间展开，从多种可行方案中进行优选。这是一个多约束条件的具有整数变量的非线性问题，远非人工计算所能及。

大型电力系统是现代社会物质生产部门中空间跨度较大、时间协调要求严格、层次分工非常复杂的实体系统。它不仅耗资大、费时长，而且对国民经济的影响极大。所以制定电力系统规划必须注意其科学性、预见性。要根据历史数据和规划期间的电力负荷增长趋势做好电力负荷预测。在此基础上，按照能源布局制定好电源规划、电网规划、网络互连规划、配电规划等。

智能电力系统关键技术可划分为以下三个层次。

第一个层次：系统一次新技术和智能发电、用电基础技术，包括可再生能源发电技术、特高压技术、智能输配电设备、大容量储能、电动汽车和智能用电技术与产品等。

第二个层次：系统二次新技术，包括先进的传感、测量、通信技术，保护和自动化技术等。

第三个层次：电力系统调度、控制与管理技术，包括先进的信息采集处理技术、先进的系统控制技术、适应电力市场和双向互动的新型系统运行与管理技术等。

智能电力系统发展的最高形式是具有多指标、自趋优运行的能力，也是智能电力系统的远景目标。

多指标就是指表征智能电力系统安全、清洁、经济、高效、兼容、自愈、互动等特征的指标体现。

自趋优是指在合理规划与建设的基础上，依托完善统一的基础设施和先进的传感、信息、控制等技术，通过全面的自我监测和信息共享，实现自我状态的准确认知，并通过智能分析形成决策和综合调控，使得电力系统状态自动自主趋向多指标最优。

电源规划也是电力系统规划的重要环节。主要是根据各种发电方式的特性和资源条件，决定增加何种形式的电站（水电、火电、核电等），以及发电机组的容量与台数。承担基荷为主的电站，因其利用率较高，宜选用适合长期运行的高效率机组，如核电机组和大容量、高参数火电机组等，以降低燃料费用。承担峰荷为主的电站，因其年利用率低，宜选用启动时间短、能适应负荷变化而投资较低的机组，如燃气轮机组等。至于水电机组，在丰水期应尽量满发，承担系统基荷；在枯水期因水量有限而带峰荷。

由于水电机组的造价仅占水电站总投资的一小部分，近年来多倾向于在水电站中适当增加超过保证出力的装机容量（即加大装机容量的逾量），以避免弃水或减少弃水。对有条件的水电站，世界各国均致力于发展抽水蓄能机组，即系统低谷负荷时，利用火电厂的多余电能进行抽水蓄能；当系统高峰负荷时，再利用抽蓄的水能发电。尽管抽水——蓄能——发电的总效率仅为2/3，但从总体考虑，安装抽水蓄能机组比建造调峰机组更经济，尤其对调峰容量不足的系统更是如此。电网规划在已确定的电源点和负荷点的前提下，合理选择输电电压等级，确定网络结构及输电线路的输送容量，然后对系统的稳定性、可靠性和无功平衡等进行校核。

三、电力系统的发展特点

从我国电力系统的发展情况来看，我国电力系统已经属于现代电力系统，主要具有以下几个特点。

（1）大机组。2010年，我国火电最大单机容量100万kW的超超临界机组，已投产运行33台，另有11台百万kW机组在建。全年新增火电机组单机容量超过60万kW的合计容量占全部新增火电容量的60%以上。

（2）大电网。形成多省网组成的区域电网，乃至全国电网。

（3）高电压。我国目前运行的主网电压最高电压等级为750kV（西北地区），1000kV特高压交流线路示范工程已投入运行（晋东南—南阳—荆门）。

（4）远距离。一般应满足跨省和跨区域或跨国的远距离送电。

（5）大容量输电。

（6）运行管理的自动化。

（7）可再生能源的应用。

第四章　高压直流输电技术

第一节　直流输电概述

电力技术的发展是从直流电开始的，早期的直流输电是直接从直流电源送往直流负荷，不需要经过换流。而随着三相交流发电机、感应电动机和变压器的迅速发展，发电和用电领域很快被交流电所取代。但是直流输电有着交流输电所不具有的优点，如远距离大容量输电、不同电力系统联网等。当今，作为高压交流输电技术的有力补充，高压直流输电技术已在全世界得到越来越多的应用。

一、直流输电的基本原理

直流输电是将发电厂发出的交流电经过升压后，由换流设备（整流器）变换成直流，通过直流线路送到受电端，再经过换流设备（逆变器）转换成交流，供给受电端的交流系统。这便是一个简单的直流输电系统。

直流输电包括两个换流站和直流输电线路。两个换流站的直流端分别接在直流线路的两端，而交流端则分别连接到两个交流电力系统。换流站中主要装设有换流器，其作用是实现交流电与直流电的相互转换。

换流器由一个或多个换流桥串联或并联组成，目前用于直流输电系统的换流桥均采用三相桥式换流电路，每个桥具有6个桥臂。由于桥臂具有可控的单向导通能力，所以又称为阀或阀臂。

二、高压直流输电的概念

高压直流输电技术是电力电子技术在电力系统输电领域中应用较早，同时也是较为成熟的技术。高压直流输电由将交流电变换为直流电的整流器、高压直流输电线路以及将直流电变换为交流电的逆变器三部分构成，因此从结构上看，高压直流输电是交流—直流—交流形式的电力电子换流电路。到目前为止，工程上绝大部分直流输电的换流器（包含整流器和逆变器）都是由半控型的晶闸管器件组成，这种采用换流器的直流输电被称为常规高压直流输电。常规高压直流输电的换流器是采取电网（源）实现换相的。近些年才投入使用的一种新型高压直流输电，即能够基于器件实现换相的高压直流输电，这种直流输电系统的换流器采用的是全控型电力电子器件，如门极关断晶闸管、绝缘栅双极型晶体管、集成门极换向晶闸管等。高压直流输电也是目前电力电子技术在电力系统应用中最为全面、最为复杂的系统，已成为一门关于电力电子技术应用的专门学科。

三、高压直流输电系统的分类

高压直流输电的系统结构可分为两端直流输电系统和多端直流输电系统两类。两端直流输电系统只有一个整流站和一个逆变站，它与交流系统只有两个连接端口，是结构最简单的直流输电系统。多端直流输电系统具有三个或三个以上的换流站，它与交流系统有三个或三个以上的连接端口。目前世界上运行的直流输电工程大多为两端直流系统，只有少数工程为多端系统。两端直流输电系统常见的接线方式适用于不同的条件，现分述如下。

（一）单极系统接线方式

单极系统接线方式是用一根架空导线或电缆线，以大地或海水作为返回线路组成的直流输电系统。这种方式由于正常运行时电流需流经大地或海水，因此要注意接地电极的材料、埋设方法和对地下埋设物的腐蚀以及对地下通信线路、航海罗盘的影响等问题，通常用正极接地的方式。

单极两线制方式（或称同极方式），是将返回线路用一根导线代替的单极线路方式。单极两线单点接地是将导线任一根在一侧换流站进行单点接地。这种方式避免了电流从地下或海水中流过，又把某一导线的电位钳位到零。其缺点是当负荷电流流过导线时，要在导线上产生不小的电压降，所以仍要考虑适当的绝缘强度。这种方式大多用于无法采用大地或海水作为回路以及作为双极方式的过渡方案。

（二）双极系统接线方式

双极系统接线方式有两根不同极性（正、负极）的导线，可具有大地回路或中性线回路。当其中一根导线线路故障时，另一根以大地作为回路可带50%的负荷，可作为分期建设的直流工程初期的一种接线方式。

现将双极式直流输电系统接线方式分述如下。

1. 双极两线中性点两端接地方式

这种方式是将整流站和逆变站的中性点均接地，双极对地电压。正常运行时，接地点之间没有电流流过。实际上，由于两侧变压器的阻抗和换流器控制角的不平衡，总有不平衡电流以大地作为回路流过。当一线路故障切除后，可以利用健全极和大地作为回路，维持单极运行方式。

2. 双极中性点单端接地方式

这种运行方式在整流侧或逆变侧中性点单端接地，正常运行时和上述方式相同。但当一线故障时，就不可继续运行。

3. 双极中性线方式

将双极两端的中性点用导线连接起来，就构成了双极中性线方式。这种方法在整流侧或逆变侧任一端接地，当一极发生故障时，能用健全极继续输送功率，同时避免了利用大地或海水作为回路的缺点。这种方式由于增加了一根导线，需要增加一定的投资。

4. "背靠背"换流方式

没有直流输电线路，而将整流站和逆变站建在一起的直流系统称为"背靠背"换流站，两套换流站一套运行于整流，另一套运行于逆变。两套换流站设备的直流侧经平波电抗器直接相连，交流侧分别连接到两个交流电力系统中，从而完成这两个交流系统间的耦合，可以实现相互之间的电力交换，取得联网效益。这种方式适用于不同额定频率或者相同额定频率非同步运行的交流系统之间的互联。因为没有直流输电线路，所以直流系统可选用较低的额定电压。这样，整个直流系统的绝缘费用可降低，有色金属的消耗量和电能损耗就较少。目前世界各国已修建和准备投建的"背靠背"直流工程较多，其主要用途是系统增容时限制短路容量，从而不致更换大量的电气设备，而且无功功率调节比远距离直流输电更为有利。这是因为无功功率调节中要降低直流电压，在远距离直流输电中将引起线路损耗的增加，而在"背靠背"直流系统中不存在此问题。

（三）多端直流输电系统

由三个或三个以上换流站及其连接的高压直流线路所构成的直流输电系统即为多端直流输电系统。多端直流输电系统可以实现各换流站交流端所连接的交流电力系统之间的功率输送或电力交换。多端直流系统中的换流站可以作为整流运行，也可以作为逆变运行，但整流运行的总功率与逆变运行的总功率必须相等，即多端系统的输入和输出功率必须平衡。多端系统换流站之间的连接方式可以是并联或串联方式，连接换流站的直流线路可以是分支形或闭环形。此系统适用于直流输电主干线送端的多电源汇集系统和受端的多个负荷点的分配系统，以及从直流输电线路中分支接出来以供沿线难以由交流电力系统供电的小负荷，可补充增强交流电力系统的网架。目前世界上已运行的多端直流工程只有意大利—撒丁岛（三端、小型）和魁北克—新英格兰（五端，实为三端运行）两项。

四、直流输电的优缺点及适用场合

（一）优点

根据高压直流输电的特点，在可比条件下与高压交流输电相比较，直流输电具有下列优点。

1.直流输电的经济优点

从经济方面考虑，直流输电有如下优点。

（1）输送相同功率时，线路造价低。对于架空输电线路，交流用三根导线，而直流一般用两根，采用大地或海水做回路时只要一根，能节省大量的线路建设费用。对于电缆，由于直流电缆绝缘介质的强度远高于交流电缆的强度，如通常的油浸纸电缆，直流的允许工作电压约为交流的3倍，直流电缆的投资少得多。

（2）年电能损失小。直流架空输电线只用两根，导线电阻损耗比交流输电小；没有感抗和容抗的无功损耗；没有集肤效应，导线的截面利用充分。另外，直流架空线路的"空间电荷效应"使其电晕损耗和无线电干扰都比交流线路小。

所以，直流架空输电线路在线路建设初期投资和年运行费用上均比交流输电线路低。

2. 直流输电的技术优点

（1）不存在系统稳定问题，可实现电网的非同期互联。而交流电力系统中所有的同步发电机都要保持同步运行。由于交流系统具有电抗，输送的功率有一定的极限。当系统受到某种扰动时，有可能使线路上的输送功率超过它的界限，这时送端的发电机和受端的发电机有可能失去同步而造成系统的解列。

（2）限制短路电流。如用交流输电线路连接两个交流系统，短路容量就会增大，甚至需要更换断路器或增设限流装置。然而用直流输电线路连接两个交流系统时，直流系统的"定电流控制"将快速把短路电流限制在额定电流附近，短路容量不会因互联而增大。

（3）调节快速，运行可靠。直流输电通过晶闸管换流器能快速调整有功功率，实现"潮流翻转"（功率流动方向的改变）。在正常时能保证稳定输出，在事故情况下，可实现健全系统对故障系统的紧急支援，也能实现振荡阻尼和次同步振荡的抑制。在交直流线路并列运行时，如果交流线路发生短路，可短暂增大直流输送功率以减少发电机转子加速，提高系统的可靠性。如果采用双极线路，当一极故障，另一极仍可以大地或水作为回路，继续输送一半的功率，这也提高了运行的可靠性。

（4）没有电容充电电流。直流线路稳态时无电容充电电流，沿线电压分布平稳，无空载、轻载时交流长线路受端及中部发生电压异常升高的现象，也不需要并联电抗补偿。

（5）节省线路走廊。按500kV电压等级考虑，一条直流输电线路的走廊约为40m，一条交流线路走廊约为50m，而前者输送容量约为后者2倍，即直流传输效率约为交流传输效率的2倍。

（二）缺点

下列因素限制了直流输电的应用范围。

（1）换流装置较昂贵。这是限制直流输电应用的最主要原因。在输送相同容量时，直流线路单位长度的造价比交流低，而直流输电两端换流设备造价比交流变电站高很多。这就引发了所谓的"等价距离"问题，即如果当输电距离增加到一定值时，采用直流输电其线路所节省的费用，刚好可以抵偿换流站所增加的费用（即交直流输电的线路和两端设备的总费用相等），这个距离就称为交、直流输电线路的"等价距离"。

通常情况下，当输电距离大于等价距离时，采用直流输电比采用交流输电经济，反之则采用交流输电比较经济。目前，国际上规定架空线路的等价距离为500～700km，电缆线路为20～40km。随着换流装置价格的不断下降，等价距离必然也将不断地下降。当然，输电系统采用交流或直流是由诸多因素决定的，等价距离不是唯一的因素。工程实际上的等价距离是在一定的范围内变化的（交流±5%、直流±10%）。

（2）换流装置消耗无功功率多。一般每端换流站消耗无功功率约为输送功率的40%～60%，需要无功补偿。

（3）产生谐波影响。换流器在交流和直流侧都产生谐波电压和谐波电流，使电容器和发电机过热、换流器的控制不稳定，对通信系统产生干扰。

（4）直流输电系统的故障率远高于交流系统。

（5）换流装置几乎没有过载能力，会对直流系统的运行产生不利的影响。

（6）以大地作为回路的直流系统，运行时会对沿途的金属构件和管道有腐蚀作用；以海水作为回路时，会对航海导航仪表产生影响。

（7）直流线路的积污速度快、污闪电压低，污秽问题较交流线路严重，因此较难运行维护。

（8）不能用变压器来改变电压等级。

（9）直流输电主要用于长距离大容量输电、交流系统之间异步互联和海底电缆送电等。而且只能两点一线直通传输电能，电源不能中途落点，不利于沿线地区的用电。

（三）适用场合

根据以上优缺点，直流输电适用于以下场合。

（1）远距离大功率输电。

（2）海底电缆送电。

（3）不同频率或同频率非周期运行的交流系统之间的联络。

（4）用地下电缆向大城市供电。

（5）交流系统互联或配电网增容时，作为限制短路电流的措施之一。

（6）配合新能源的输电。

第二节　高压直流输电系统构成

一、换流站

换流站是直流输电系统中实现交、直流变换的电力工程设施。换流站一侧接到交流系统，另一侧接到直流电网，它是直流输电系统中最重要的环节。站内装设有换流器、换流变压器、平波电抗器、换流站交流滤波装置、换流站直流滤波装置和直流输电系统控制装置等交、直流变换设备和必要的辅助设备与设施。

（一）换流站中的主要电气设备

换流站中主要电气设备包括以下几种。

1.换流器

换流器分为整流器和逆变器，分别用来完成交流—直流和直流—交流转换。

2.换流变压器

向换流器提供交流功率或从换流器接受功率的变压器。

3.交流断路器

将直流侧空载的换流装置投入交流电力系统或从其中切除。当换流站主要设备发生故障时，在直流电流的旁路形成后，可用它将换流站从交流系统中切除。

4.直流电抗器

直流电抗器又称为平波电抗器，主要作用是抑制直流过电流的上升速度，并用于直流线路的滤波，同时对沿直流线路向换流站入侵的过电压起缓冲作用。

5. 阻尼器

并联于换流器阀的阻尼器，主要用来减少阻尼阀关断时引起的振荡，抑制相过电压，线路阻尼器用于减少阻尼线路在异常运行情况下发生的振荡。

6. 滤波器

滤波器的主要作用是对交流侧和直流侧进行滤波。装于交流侧的称为交流滤波器，装于直流侧的称为直流滤波器。交流滤波器除了对交流侧进行滤波外，还可为换流站提供一部分无功功率。

7. 无功补偿装置

换流器在运行时需要消耗无功功率，除了滤波器提供部分无功功率外，其余则由安装在换流站内的无功补偿装置（包括电力电容器、同步调相机和静止补偿器）提供。逆变站的无功补偿装置，一般还应供给部分受端交流系统负载所需要的无功功率。另外，无功补偿装置可兼作电压调节之用，静止补偿器和装有快速励磁调节器的同步调相机也有助于提高直流输电系统的电压稳定性。

8. 过电压保护器

过电压保护器的作用是保护站内设备（特别是换流器），使其免受雷击和操作过电压之害。在有直流电压的接点必须装设直流避雷器。

9. 实电压互感器和电流互感器

对交流系统采用交流电压互感器和电流互感器，对直流侧需采用直流电压互感器和直流电流互感器。

10. 接地电极

接地电极的主要作用是连接大地（或海水）回路，固定换流站直流侧的对地电位。

11. 调节装置

根据系统的运行情况，自动控制换流器的触发相位，调节直流线路的电压、电流和功率。

12. 继电保护装置

检测换流站内设备（特别是换流器）和直流线路的故障，并发出故障处理的指令。

13. 高频阻塞装置

抑制换流器在换相过程中所引起的无线电干扰。

（二）换流单元

换流器与换流变压器组合成换流单元，是实现直流电和交流电相互转换的基本单元。直流电抗器和滤波器是分别作为交直流换流系统中抑制过电压、过电流和抑制谐波的主要设备，保证了换流站的平稳运行。而辅助设备以及辅助电路保证了换流站的安全运行。

1. 换流器

直流输电所用的换流器通常采用由12个（或6个）换流阀组成的12脉动换流器（或6脉动换流器）。换流阀是直流输电为实现换流所用的三相桥式换流器中的桥臂，是电力电子元件串联组成的桥臂主电路及其同装在同一个箱体中的相应辅助部分的总称。直流输电所采用的换流阀有汞弧阀和晶闸管阀（也称可控阀）两种。

汞弧阀是一种具有汞弧阴极的真空离子器件，通过汞蒸气的电离来实现单向导电。由于汞弧阀在运行中会产生逆弧、熄弧等故障，对阳极与阴极的温度有不同的要求，以及安装、维护比较复杂等原因，目前已不再采用。

晶闸管阀又称普通晶闸阀，由许多规格相同的晶闸管元件串联而成，作为电网换相换流器。目前的直流输电工程绝大多数都采用这种电网换相换流器，所采用的晶闸管有电触发晶闸管和光直接触发晶闸管两种。直流输电所用的换流阀大多采用空气绝缘、水冷却、户内式结构。

（1）晶闸管阀的特点：①不会发生逆弧，可靠性高。②无须预热与复杂的温度控制和真空技术。③维修简便。④电子器件价格与常规电工器件比较有相对降低的趋势。⑤由于晶闸管阀是由众多的晶闸管元件串联而成，阀的额定电压选择有很大的自由度。⑥省去采用汞弧阀所需的旁通阀，也延长了换流变压器的使用年限。与汞弧阀相比，晶闸管阀还具有不需要真空装置、装配室等辅助设施，甚至可以装设于户外。目前在直流输电工程中，汞弧阀已被晶闸管阀所替代。

晶闸管的特性主要取决于所采用的晶闸管元件的特性，晶闸管的芯片直径现已达到100mm以上，有效截面积达60cm²以上，能承受的电压和电流分别达6kV和4kA以上。

（2）晶闸管阀按绝缘方式分为空气绝缘阀和油浸式绝缘阀两类，按冷却方式分为风冷、油冷和水冷，按安装地点分为户内型和户外型。一般空气绝缘阀为户内型，油浸绝缘阀为户外型，各有其优缺点。为了缩小阀的体积，使整个换流站更加紧凑，目前已开发了新型的SFg绝缘氟利昂冷却阀。

晶闸管阀是由数十个至上百个晶闸管元件串并联组成，其元件的额定值和它的串并联数，是阀设计的基本参数。在阀的设计中，通常用电压设计系数和电流设计系数作为选择晶闸管串并联数的依据。

采用额定值大的元件，可以减少元件的串并联数，也可相应地减少和简化阀的控制、均压等组件，从而降低阀的造价。

2. 换流变压器

连接换流桥和交流系统之间的电力变压器叫换流变压器，它为换流桥提供一个中性点不接地的三相换相电压，它和普通电力变压器在结构上基本相同。

（1）换流变压器在直流输电系统中的作用：①传送电力。②把交流系统的电压变换到换流器所需的换相电压。③利用变压器绕组的不同接法，为十二脉动换流器提供两组幅值相等、相位相差30°（基波电角度）的三相对称的换相电压。④将直流部分与交流系统相互绝缘隔离，以免交流系统中性点接地和直流系统中性点接地造成短路故障。⑤换流变压器的漏抗可起到限制故障电流的作用。⑥对沿着交流线路侵入换流站的冲击过电压波起缓冲抑制的作用。

（2）由于换流变压器的运行特性与换流阀通断而造成的非线性密切相关，它在短路电抗、绝缘、谐波、直流偏磁、有载调压等方面与普通电力变压器有不同的特点和需求。

①短路电抗。当换流器的阀臂发生绝缘破坏事故时，造成换流变压器的桥侧短路，而换流器的换相过程实际上就是换流器二相短路过程。为了防止过大的短路电流通过当时正导通着的健全阀而损坏它的元件，换流变压器应具有足够大的漏电抗来限制短路电流。但换流变压器的漏电抗也不宜选择得过大，否则换流器在运行中消耗的无功功率将增加，需要加大无功补偿设备的容量。此外直流电压中换相压降也将过大，因此换流变压器短路电抗的选择要兼顾这两方面，一般取值为15%～20%。

②绝缘。换流变压器阀侧绕组和套管是在交流和直流电压同时作用下工作的。当直流电压极性迅速变化时，会使油绝缘受到很大的电应力。为解决这个问

题，要使用电阻率较低的绝缘纸。为避免雨天在直流电压作用下，因不均匀湿闪而造成闪络故障，作为阀侧绕组外绝缘的套管均应伸入阀厅。

③谐波。换流变压器漏磁的谐波分量会使变压器的杂散损耗增大，有时可能使某些金属部件和油箱产生局部过热现象。因此，在有较强漏磁通过的部件要用非磁性材料或采用磁屏蔽措施。

④直流偏磁。如果换流器触发相所用的时间间隔不相等，则交流相电流的正负半波不同，它的平均值将不等于零。也就是相电流中存在着直流分量，这一直流分量流过换流变压器桥侧绕组时，将产生直流磁化现象（也称直流偏磁）。当铁心周期性饱和，发出低频的噪声，它的频率只有在正常励磁情况下的变压器噪声频率的一半，可以把这种低频噪声作为换流变压器发生直流磁化的征兆。与此同时，变压器的损耗和温升也将增加。因而，换流变压器铁芯正常运行的磁通密度要比设计略小。

⑤有载调压。换流变压器应具有较多的有载调压分接开关。利用分接开关可使直流输电系统正常运行在最佳状态，换流器触发角运行在适当的范围内，以兼顾运行的安全性和经济性。分接开关调压范围一般为 ± 15%，每档调节量为 1% ~ 3%，以达到分接开关调节和换流桥触发控制联合工作，做到既无调节死区，又可避免频繁往返动作。

（三）直流电抗器

直流电抗器也称平波电抗器，一般串接在每个极换流器的直流输出端与直流线路之间，主要起抑制直流线路电流和电压脉动的作用。其结构按绝缘和冷却方式的不同分为油浸式和干式两种，按磁路结构不同分为空心式和铁心式两种。空心电抗器的电感值基本是线性的，而铁心电抗器则有较大的非线性度，在小电流时电感值较大，可减少直流电流间断的可能性。

1. 直流电抗器的主要作用

①限制直流系统发生事故时直流电流的上升率，以避免事故扩大。②抑制直流侧脉波的谐波分量，减小对临近高频通道的干扰。③防止直流低负荷时直流电流间断以及过电压现象的出现。④对于沿直流线路向换流站入侵的过电压起缓冲的作用。

为了达到上述目的，直流电抗器的电感量越大越好。但是直流电感太大，运行时容易产生过电压，同时电磁惯性太大，对自动控制响应迟钝。一般在已建的直流工程中，直流电抗器的电感值为0.4～1.5H。

2.直流电抗器的设置和接线方式

①一般方式是将直流电抗器串接在一个极中，处于高电位。②T接法是将直流电抗器分为两半，中间接有直流滤波器，以增强抑制谐波和高频阻塞的作用，两个电抗器都设置在高电位。③将电感分为一大一小的两部分，分别串接设置在极上和换流器中性点部位的引出线上，并处于高、低电位，高压侧的电感数值较小，低压侧数值较大，既能降低成本，又能减小高压侧线圈的匝间电容，增强其高频阻塞的效果。④在直流输电线路是电缆线路的情况下，全部电感可设置在中性点部位。

（四）滤波器

由于换流装置交流侧的电压和电流的波形不完全是正弦波，直流侧的电压和电流也不是平滑恒定的直流，即它们都含有多种谐波分量。也就是说换流装置是一个谐波源，它将在交流侧和直流侧产生谐波电压和谐波电流。

目前，减少换流器谐波的主要方法是采用增加脉波数和装设滤波器两种。但是对于高压直流系统中的换流器，普遍认为增加脉波数到12以上时，将使换流站接线复杂，投资增加。所以在换流器的交流侧，目前几乎都采用滤波器以限制交流谐波。而滤波器中的电容器也同时可提供换流器所需的部分无功功率。在换流器的直流侧，总是用相当大电感的串联直流电抗器来限制直流电压和电流中的谐波。对于与直流电缆相连接的换流器，它的直流侧除直流电抗器外，一般不需要装设另外的滤波装置。而对于架空线路，则需装设直流滤波器。

滤波器的分类可按其用途分为交流滤波器和直流滤波器；按连接方式可分为串联滤波器和并联滤波器；按阻抗特性分为单调谐滤波器、双调谐滤波器和高通滤波器。并联滤波器与串联滤波器相比，滤波效果较好。并联滤波器的一端接地，通过的电流只是由它所滤除的谐波电流和一个比主电路中小得多的基波电流，绝缘要求也低。在交流情况下，并联滤波器除滤波外，其中的电容器还可同时向换流器提供无功功率。因此，高压直流系统中一般都采用并联滤波器。

1.交流滤波器

安装在换流站交流侧用来吸收换流器交流侧谐波电压、电流的装置称为交流滤波器。交流滤波器是换流站的重要设备之一，其投资占换流站总投资的5%~15%，而其中的电容器又是滤波器投资的主要部分。换流站交流滤波装置一般是由若干个单独用于吸收某些特定次数谐波的三相滤波器组并联而成，三相滤波器组内三个相同的滤波器各自接成星形。每个滤波器在一个或两个谐波频率的指定变化范围内或高频带下呈现低阻抗，使换流站交流侧对应于这些频率范围或高频带的谐波电流绝大部分流入滤波器，从而减少注入交流系统的谐波，达到降低谐波的要求。目前广泛使用的交流滤波器有单调谐滤波器、双调谐滤波器和两阶高通滤波器三种。

（1）单调谐滤波器。这种滤波器是电阻、电感和电容等元件串联组成的滤波电路，它在某一低次谐波（或接近低次谐波）频率下的阻抗最小。

（2）双调谐滤波器。这种滤波器对两种低次谐波同时具有很低的阻抗，即可同时抑制两种特征谐波，它实际上相当于两个单调谐滤波器，且具有两条相并联的支路。

（3）两阶高通滤波器。这种滤波器是在一个很宽的频带范围内（例如17次及以上的各次谐波频率），呈现较低的阻抗。

2. 直流滤波器

如前所述，虽然平波电抗器能够起到限制直流谐波的作用，但对于架空线路，通常还需装设直流滤波器。直流滤波器定义为安装在换流站直流侧，与平波电抗器配合用以疏导和抑制直流侧谐波电压、电流的装置。直流滤波装置的形式与交流滤波装置基本相同，通常采用谐振于低次特征谐波频率的单调谐滤波器、高通滤波器及其组合。它与交流滤波装置主要不同点在于：交流滤波装置中有较大的基波电流，而直流滤波装置中无直流电流。一般在平波电抗器不满足谐波抑制的要求时，则需装设直流滤波器，在"背靠背"直流耦合系统中和采用直流电缆电路时，无须设置直流滤波器。

（五）辅助设备以及辅助电路

1. 站用电系统

换流站的站用电系统与交流变电站站用电系统基本相同，一般有380V或220V三相交流和220V或110V直流。直流一般由蓄电池提供，但可靠性要求和抗干扰要求都比变电站的要高。

换流站对站用电的可靠性有如下要求。

（1）换流阀控制、调节、远动及触发脉冲装置必须不间断地连续工作，不允许站用电的瞬间中断。

（2）对一些特殊设备，例如有些直流电压互感器、直流电流互感器以及采用交流助磁的交流供电电源，也必须采用连续可靠的供电系统。

（3）对于换流阀冷却系统的各种用电装置，如风机、水泵等，一般允许采用交流双电源自动投入备用电源的供电系统。

对于换流阀的控制、调节、远动（包括通信通道）及触发脉冲均为弱电系统，为确保其稳定可靠地工作，在供电系统上必须严格采取防止干扰的措施，如采用与外界屏蔽的独立电源供电。

2. 换流阀冷却系统

换流阀的冷却介质有空气、水、油及氟利昂等。为了保证冷却介质高度的可利用率，冷却装置必须按直流极数或更小的单元来划分，同时冷却回路中的各种设备必须有足够的备用台数与容量。当今世界上采用空气冷却和水冷却换流阀的较多，随着单阀容量的增大，水冷阀有增多的趋势。

3. 换流阀的辅助电源

用单相变压器把汞弧阀所需要的辅助电力变换到阀电位。由于它既向负偏压供电，又向励弧器电弧供电，因此必须高度可靠，特别是在交流故障情况下更应如此。随着交流故障而出现的电压下降，必须在规定的时间限度以内不致引起汞弧阀的误操作。晶闸管阀的一个很大的优点是不需要辅助电力供阀之用，所以不会发生上述的问题。

4. 操作及保护回路

无论是手动操作或自动操作，目的都是改变工作状态，同时希望新状态能不受任何环境的影响而一直保持到发布下一操作指令为止。为避免发生虚假的状态变化而取消这种操作的情况（例如由整流运行方式变成逆变运行方式，或由关断变成导通），换流器要靠换向继电器来保持所给的命令。

直流输电终端站中的保护、操作、测量和控制回路的公用设备，通常要比其他装置中的公用设备多，这就要求保护回路的中间连接部件有更严格的可靠性。电压测量中只装一只共用电阻器，测量电流用的直流互感器也不是双联的，与交流互感器不一样。

5. 接地网

换流站中各种设备的保护接地方式基本与交流变电站的相同。但对工作接地有特殊要求。换流站的工作接地可分为直流输电接地、电极接地和电位接地。电位接地是否可与换流站总接地网相连，需要核算直流接地短路电流通过换流变压器中性点时是否会引起换流变压器的磁偏，必要时可与总接地网分开，或在换流变压器中性点接地回路中串接电阻。换流站的直流电位接地一般是引出独立的接地极，以分散接地短路电流，然后再与换流站总接地网相连。

6. 通信

换流站之间信息交换非常重要，要求供给辅助电力，这种设备在很大程度上要双重配备，配备的程度要看载波通道本身双重配备的性质而定。如果通信出了故障，则两侧应具备记忆功能，一边保持瞬间控制状态，一边改用一种临时而不太灵活的控制方法，这种方法能在短期间内取代通信通道的作用。

二、直流输电线路

直流输电线路是直流输电系统的重要组成部分。直流输电之所以在经济上具有竞争力，其主要原因就在于直流输电线路的经济指标优于交流输电线路。

就基本结构而言，直流输电线路可分为架空线路、电缆线路，它们分别用于不同的场合。另外，以大地或海水作为廉价和低损耗的回流电路，也已得到广泛的应用。

（一）架空线路

按构成方式的不同，直流架空线路可分为三种基本类型。

（1）单极线路。只有一极导线，一般以大地或海水作为回流电路。

（2）同极线路。具有两根同极性导线，同时也利用大地或海水作为回流电流。

（3）双极线路。具有两根不同极性的导线，有些采用大地（海水）回流，也有一些采用金属回流。当两极导线中的电流相等时，回流电路中就没有电流。如果一极导线发生故障，另一极导线仍可利用回流电路继续运行。

（二）电缆线路

在许多场合必须采用电缆线路，成为选用直流输电的决定性因素。由于特殊原因（例如需要跨越水域、难以解决架空线路走廊用地问题等）而不得不采用电缆来送电时，往往需要采用直流输电。

目前实际使用的高压直流电缆有下列几种：黏性浸渍绝缘电缆、充油电缆、充气电缆和挤压塑料电缆。一般额定电压在250kV及以下者均采用比较便宜的黏性浸渍绝缘电缆，超过250kV时，大多采用充油电缆。

（三）大地回路

直流输电的回路电路有两种基本类型，即金属回路和大地（包括海水）回路。有些直流输电工程采用了金属回路，例如日本的"北—本线"，但更多的工程选择了大地回路。

（1）利用大地作为回流电路具有下列好处。

①和同样长度的金属回路相比，大地回路具有较小的电阻和较小的损耗。

②采用大地回路，就可以根据输送容量的逐步增大而进行分期建设。第一期可以先按一极导线加大地回路的方式作单极运行，第二期再建设另一极导线，使之成为双极线路。

③在双极线路中，当一极导线或一组换流器停止工作时，仍可利用另一极导线和大地回路输送一半或更多的电力。

（2）采用大地回路也会带来一系列问题和副作用，表现在以下几方面。

①接地电极的材料、结构和埋设方式必须因地制宜加以选择、设计和施工，其中有不少技术问题需加以研究。

②在接地电极附近产生可能会危及人、畜、鱼类的危险电位梯度。

③地中电流对地下金属物体（特别是电缆、水油气管道等）的电解腐蚀。

④地中电流对其他系统（例如交流电力系统，通信系统等）会产生干扰影响。

⑤海底电缆的电流对磁罗盘读数的影响。

⑥回流电流对鱼群等水生物的影响。

第三节　直流输电系统的控制和运行特征

一、直流输电系统的控制框架

直流输电的一个重要优点就是通过各种控制和调节元件对直流系统实现多种快速的调节。直流输电系统在稳态正常运行方式下的运行参数主要是两端的直流电压、直流电流和输送功率。在运行中，各种因素的变化（如负荷的变化、电压的波动以及各种扰动）都会使上述运行参数发生变化。

站控制是构成一个完整的整流站或逆变站的控制、监视和保护系统的公共部分，它对换流站内每一个极（正、负极）提供互相协调的被调量指令，如电流或功率指令等。极控制是使换流站内每一个极的各个换流器单元（又称换流桥）的控制系统互相协调，使提供的被调量输出只产生最小的谐波量。桥控制用于控制构成换流器的每个阀的触发相位。所设计的直流输电系统的各种运行控制特性，最终是通过桥控制来实现的。因此，桥控制是构成直流输电控制系统的重要单元，通常包括以下几种。

（1）脉冲相位控制装置：用来产生触发换流阀的控制脉冲。

（2）换流桥监视装置：用来测量、记录和显示与换流桥有关的重要电气量、机械量和热量的参数。

（3）换流桥保护装置：用来保护换流桥有关部件，以防止由于异常工况或事故而造成的损害。

（4）换流桥程序控制装置：用来使流桥的相位控制装置、监视和保护装置的工作协调起来，并且能够在运行工况发生变化时，对换流桥进行有关的程序控制。

二、直流输电系统的控制方式

直流输电系统基本的控制方式有定电流控制、定电压控制、功率控制和频率控制。

（一）定电流控制

定电流控制是将换流器直流电流维持在整定值的控制方式。其作用是保持电流恒定，防止故障电流过大或避免直流电流过小而发生间断。

（二）定电压控制

定电压控制的基本原理与定电流控制相似，只是反馈信号改变为直流电压。在这种控制系统的作用下，是以维持直流电压等于整定值为目标。

（三）功率控制和频率控制

由于直流输电线路需要按计划输送一定的功率，如果直流输电只设计定电流控制，那么在两侧交流系统电压波动不大时，基本上能满足定功率输送的要求。如果两侧交流系统电压波动较大，则必须装设定功率控制来满足要求。

三、直流输电运行方式

直流输电工程的运行方式是指在运行中可供运行人员进行选择的稳态运行的方式。运行方式与工程的直流侧接线方式、直流功率输送方向、直流电压输出方式以及直流输电系统的控制方式有关。直流输电工程的运行方式是灵活多样的，运行人员可利用这一特点，根据工程的具体情况以及两端的交流系统的需要，合理地选择运行方式，可有效地提高运行的可靠性和经济性。

（一）运行接线方式

对于双极两端中性点接地的直流输电工程，当一极停运后，可供选择的单极接线方式有以下三种。三种接线方式的运行性能和对设备的要求不同。

1.单极大地回线方式

要求非故障极两端换流站的设备和直流输电极线完好，两端接地极系统完好；两端换流站的故障极或直流线路的故障极可退出工作，进行检修。运行电流的大小和运行时间的长短受单极过负荷能力和接地极设计条件的限制。这种运行方式的线路损耗，比双极方式一个极的损耗略大，其直流回路电阻增加了两端接地极引线和接地极的电阻。

2. 单极金属回线方式

除要求非故障极两端换流站的设备及直流输电极线完好外，还要求故障极的直流输电极线能达到金属返回线绝缘水平的要求；两端换流站的故障极和接地极系统可退出工作，进行检修。其运行电流只受单极过负荷能力的限制而与接地极系统无关。当接地极系统故障需要检修或进行计划检修时，可选择这种接线方式。一般应尽量避免采取这种方式长期运行，因其线路损耗和运行费用最大。

3. 单极双导线并联大地回线方式

要求非故障极两端换流站的设备完好，两极直流输电线线路均完好，两端接地极系统完好；两端换流站的故障极可退出工作，进行检修。因此，这种接线方式只有当两端换流站只有一个极设备故障，而其余的直流输电系统设备均完好时，才有选择的可能性。其运行电流的大小和运行时间的长短受单极过负荷能力和接地极设计条件的限制。这种接线方式是此类工程单极运行时最经济的接线方式。其线路损耗约为双极运行时一个极损耗的1/2，其直流回路的电阻略大于单极电阻的1/2。

双极两端中性点接地的直流输电工程，当一极故障停运而转为单极运行时，有时需要进行单极大地回线和金属回线方式的相互转换。为了减少直流输电工程停运对两端的交流系统的影响，提高运行的可靠性和可用率，这种接线方式的相互转换，可通过大地回线转换开关和金属回线转换断路器，在直流输电不停运的状况下带负荷切换。

（二）全压与降压运行方式

直流输电工程的直流电压，在运行中可以选择全压运行方式（即额定直流电压方式）或降压运行方式。降压运行方式是直流输电工程在恶劣的气候条件或严重污秽的情况下，为了降低输电线路的故障率，提高输电的可靠性和可用率，而采用的一种正常运行方式。由于直流输电工程的直流电压可以通过控制系统（改变触发角）以及换流变压器的抽头调节快速方便地进行控制，使得降压运行很容易实现。降压幅值太小，则起不到降压后提高可靠性和可用率的作用；降压幅度太大，则导致直流输电在大触发角下运行，这将使直流输电的运行条件变坏，同时也将使换流站的造价升高。根据多年的运行经验，通常降到额定直流电压的70%～80%为宜，此时的触发角为40°～50°。

在运行中对全压方式和降压方式的选择原则是：能全压运行时则不选择降压运行。因为在输送同样功率的条件下，直流电压的降低则使直流电流按比例相应地增加，这将使输电系统的损耗和运行费用升高。因此，为了使直流输电工程在最经济的状态下运行，其直流电压应尽可能地高。其次，在降压方式下，直流输电系统的最大输送功率将降低。直流输送功率是直流电压和直流电流的乘积。当工程设计为降压方式的额定电流与全压方式相同时，降压方式的额定功率降低的幅度与直流电压降低的幅度相同。如果降压方式要求相应地降低直流额定电流，直流输送功率则降低得更多。例如：降压方式的直流电压选择为额定直流电压的70%，而额定直流电流不变，则降压方式的额定输送功率为全压方式的70%。如果在直流电压降低到70%的情况下，还要求直流电流也相应地降低到其额定值的70%，则此时的直流输送功率仅为全压方式的49%，即输送功率将降低一半。再者，在降压方式下换流器的触发角增大，这将使换流站的主要设备（换流阀、换流变压器、平波电抗器、交流和直流滤波器等）的运行条件变差。如果长时间在降压方式下大电流运行，换流站主要设备的寿命将会受到影响。

（三）功率正送与功率反送方式

直流输电工程也具有双向送电的功能，它可以正向送电，也可以反向送电。在工程设计时确定某一方向为正向送电，另一方向则为反向送电。正在运行的直流输电工程进行功率输送方向的改变称为潮流反转。利用控制系统可以方便地进行潮流反转。直流输电工程的潮流反转有手动潮流反转和自动潮流反转、正常潮流反转和紧急潮流反转。通常紧急潮流反转均是由控制系统自动进行，而正常潮流反转可以手动进行也可以自动进行。

由于换流阀的单向导电性，直流回路中的电流方向是不能改变的。因此，直流输电的潮流反转不是通过改变电流方向，而是通过改变电压极性来实现。

潮流反转需要改变两端换流站的运行工况，将运行于整流状态的整流站变为逆变运行，而运行于逆变状态的逆变站变为整流运行。因此，对于具有潮流反转功能的直流输电工程，要求两端换流站的控制保护系统既能满足整流运行的要求，又能满足逆变运行的要求，从而增加了换流站控制保护系统的复杂性。为了满足功率反送时的要求，有时需要扩大换流变压器的抽头调节范围以及修改整流站的无功功率配置。

1. 正常潮流反转

在正常运行时，当两端的交流系统的电源或负荷发生变化时，要求直流输电进行潮流反转。这种类型的潮流反转通常由运行人员进行操作，也可以在设定的条件下自动进行。为了减小潮流反转对两端的交流系统的冲击，一般反转速度较慢，可以在几秒钟或更长的时间内完成。必要时也可以在反转前将输送功率逐步降低到最小值，反转后将输送功率逐步升高。

2. 紧急潮流反转

当交流系统发生故障，需要直流输电工程进行紧急功率支援时，则要求紧急潮流反转。此时，反转的速度越快，则对系统的支援性能越好。直流输电的潮流反转是直流电压极性的反转。在直流电压一定的情况下，潮流反转需要的时间主要取决于直流线路的等值电容，即直流电压由额定值降到零，以及由零又升到其反向额定值，在线路电容上的放电时间和充电时间。对于架空线路来说通常在几个周期内即可完成（数百毫秒）。对于直流电缆线路，为了防止当电压极性反转较快时对电缆绝缘造成损伤，反转速度需要受到限制。

（四）双极对称与不对称运行方式

双极对称运行方式是指双极直流输电工程在运行中两个极的直流电压和直流电流均相等的运行方式，此时两极的输送功率也相等。双极直流输电工程在运行中两个极的直流电压或直流电流不相等时，均为双极不对称运行方式。

1. 双极对称运行方式

双极对称运行方式有双极全压对称运行方式和双极降压对称运行方式。前者双极的电压均为额定直流电压，而后者双极均降压运行。全压运行比降压运行输电系统的损耗小，换流器的触发角小，换流站设备的运行条件好，直流输电系统的运行性能也好。因此，能全压运行时，则不选择降压方式。双极对称运行方式两极的直流电流相等，接地极中的电流通常小于额定直流电流的1%，其运行条件好，长期在此条件下运行，可延长接地极的寿命。因此，双极直流输电工程，在正常情况下均选择双极全压对称运行方式。这种运行方式可充分利用工程的设计能力，直流输电系统设备的运行条件好，系统损耗小，运行费用低，可靠性高。只有当一极输电线路或换流站一极的设备有问题，需要降低直流电压或直流电流运行时，才会选择双极不对称运行方式。

2. 双极不对称运行方式

双极不对称运行方式有双极电压不对称方式、双极电流不对称方式及双极电压和电流均不对称方式。

双极电压不对称方式是指一极全压运行而另一极降压运行。在电压不对称的运行方式下，最好能保持两极的直流电流相等，这样可使接地极中的电流最小。此时由于两极的电压不等，其输送功率也不相等。当降压运行不要求降低额定直流电流时，其输送功率将按降压的比例相应降低。如果在一极降压运行之前，其直流电流低于额定直流电流，则由一极降压引起的输送功率的降低，可用加大直流电流的办法来补偿，但最多只能补偿到直流电流的最大值。

双极直流输电工程在运行中如某一极的冷却系统有问题，需要降低直流电流运行时，可考虑选择双极电流不对称运行方式。电流降低的幅度视冷却系统的具体情况而定。此时接地极中的电流为两极电流之差值，电流降低的幅度越大，则接地极中的电流也越大。因此，确定电流降低的幅度以及运行时间的长短，还需要考虑接地极的设计条件。

当需要单极降压和降电流时，则形成双极电压和电流均不对称的运行方式。

参考文献

[1] 蔡杏山. 电气自动化工程师自学宝典 [M]. 北京：机械工业出版社，2020.

[2] 连晗. 电气自动化控制技术研究 [M]. 长春：吉林科学技术出版社，2019.

[3] 吴秀华，邹秋滢，刘潭. 自动控制原理 [M]. 北京：北京理工大学出版社，2021.

[4] 吴健珍. 自动控制理论 [M]. 北京：中国铁道出版社，2021.

[5] 宋建梅. 自动控制原理 [M]. 北京：北京理工大学出版社，2020.

[6] 赵国辉，程晶，李志会. 电力工程技术与新能源利用 [M]. 汕头：汕头大学出版社，2022.

[7] 杨剑锋. 电力系统自动化 [M]. 杭州：浙江大学出版社，2018.

[8] 王耀斐，高长友，申红波. 电力系统与自动化控制 [M]. 长春：吉林科学技术出版社，2019.

[9] 赵建宁，陈兵. 特高压多端混合柔性直流输电工程技术 [M]. 北京：机械工业出版社，2022.

[10] 全球能源互联网发展合作组织. 特高压输电技术发展与展望 [M]. 北京：中国电力出版社，2020.